AF567819

Anke Lehne

Fährtentraining für Jagdhunde

Anke Lehne

Fährtentraining

für Jagdhunde

Oertel+Spörer

Bildnachweis
Titelbild: Uwe Klemmer
Innenteilbilder:
Daniela Baum S. 180, 181
Katrin Förster S. 24
Uwe Klemmer S. 53 r., 120
Dr. Gabriele Lehari S. 113
Fex Ott S. 30 o.
Sabine Otto S. 16 u.
Alle anderen Bilder von der Autorin
Grafiken: Heidrun Langhans

Haftungsausschluss
Die Hinweise in diesem Buch wurden von der Autorin sorgfältig recherchiert und geprüft. Es können jedoch keinerlei Garantien übernommen werden. Eine Haftung der Autorin, des Verlags und seiner Beauftragten für Personen-, Sach- und Vermögensschäden ist ausgeschlossen.

Bibliografische Information der Deutschen Nationalbibliothek
Die Deutsche Nationalbibliothek verzeichnet diese Publikation in der Deutschen Nationalbibliografie; detaillierte bibliografische Daten sind im Internet über http://dnb.d-nb.de abrufbar.

Postfach 16 42 · 72706 Reutlingen

Lektorat: Dr. Gabriele Lehari
DTP und Repro: raff digital gmbh, Riederich
Druck und Bindung: Oertel+Spörer Druck und Medien-GmbH+Co., Riederich
Printed in Germany
ISBN 978-3-96555-000-1

Inhalt

Einleitung

Die Nasenleistung von Hunden hat mich schon immer fasziniert. Kam mein Bruder später heim als ich, führte ihn seine Hündin Judy zielsicher über die Strecke, die ich zuvor mit meinem Rico gegangen war, und wir trafen uns so auf der Hundewiese. Damals fanden wir das sehr erstaunlich – von Mantrailing (Personensuche) hatte zu dieser Zeit noch niemand etwas gehört. Ich begann dann mit dem Fährtenhundesport und legte mit Rico die entsprechende Prüfung ab. Als ich später zur Jagd kam, war die vornehmliche Beschäftigung mit dem Thema Nachsuche die logische Folge.

Dieses Buch soll dem Hundeführer Ideen an die Hand geben, wie er seinen Hund und sich selbst abwechslungsreich auf der Fährte trainieren kann. Viele Jagdgebrauchshunde haben aus ganz unterschiedlichen Gründen nur wenige Einsätze über das gesamte Jahr verteilt oder sind beschränkt auf einen begrenzten Zeitraum wie die Drückjagdsaison. Handelt es sich um Rassen, die auch im Apport ausgebildet werden, gibt es in diesem Rahmen viele spannende Übungen zur jagdnahen Auslastung. Doch für die reinen Bewegungsjagdhunde ist diese

Die Autorin mit ihrem BGS Xaver

Alternative meist nicht geeignet – hier bietet sich das anspruchsvolle Training der Schweißarbeit an, das ich in diesem Buch vorstelle. Natürlich helfen die beschriebenen Übungen auch, den Hund über entsprechende Prüfungen zu führen.

Den geneigten Leser, der nun glaubt, nach dem Training und einer Prüfung einen fertig ausgebildeten Nachsuchenhund am Strick zu haben, mit dem er in den erschwerten Praxiseinsatz gehen kann, muss ich enttäuschen: Zur tierschutzgerechten Nachsuche gehört weit mehr, als diese Lektüre bieten kann – am Ende des Buches finden sich dazu weitere Hinweise. Ebenso geht es nicht um die Ausbildung für professionelles Mantrailing (Personensuche), Pettrailing (Tiersuche) oder die prüfungsgerechte Sportfährte der Gebrauchshunde.

Vielmehr befassen wir uns mit abwechslungsreicher, fundierter und vielfältiger Fährtenarbeit, welche der Nasenleistung unserer Jagdgebrauchshunde gerecht wird. Ergänzt durch alltagstaugliche Alternativen sind viele der beschriebenen Trainingseinheiten auch für den (nicht jagdlich geführten) Familienhund umsetzbar.

In diesem Buch wird sowohl das Wissen von Schweißhundeführern, Gebrauchs- und Sporthundeführern, Dienst- und Rettungshundeführern als auch aus Büchern und Seminaren zusammengeführt. Hinzu kommen umfangreiche Erfahrungen bei der Ausbildung der eigenen Hunde und im Training von Kundenhunden. Es gibt seit Jahren bewährte Wege, die für die Mehrheit der Hunde tatsächlich passen. Doch manchmal läuft es nicht wie gewünscht und dann muss man bisweilen auch ungewöhnliche Lösungen finden – einige davon werde ich vorstellen.

Ich kann den Blick über den eigenen Tellerrand und auch in die Literaturliste grundsätzlich nur empfehlen.

GLOSSAR

Da sich das Buch auch an Hundebesitzer richtet, die bisher keinen Jagdschein haben und entsprechend auch mit dem jagdlichen Vokabular nicht vertraut sind, findet sich im Anhang ein Glossar, in dem entsprechende Begriffe erklärt werden.

Grundlagen

Die Ziele

Zunächst muss ich klären, wohin mich mein Weg überhaupt führen soll – ohne Ziel lässt sich schwerlich eine geeignete Route wählen. Der simpelste Ansatz ist die einfache, anlagengemäße **Auslastung eines Jagdhundes in Familienhand**. Hier steht der Spaß im Vordergrund: Alles kann, nichts muss. Wer sich für dieses Buch entschieden hat, möchte vermutlich möglichst viel ausprobieren, dabei verstehen lernen, warum und wie Jäger ihren Hund zur Nachsuche ausbilden und erfahren, wie sich das alles zu einem lustvollen Training mit dem Familienhund gestalten lässt.

Etwas höher wird der Anspruch, wenn der betreffende Hund zwar später nicht für die Nachsuche auf Schalenwild eingesetzt werden soll, die Schweißarbeit aber zu einem Teil seiner **Prüfungen** für die Zuchtzulassung gehört. Davon ausgehend, dass dieser Hund ausreichend mit anderen Aufgaben ausgelastet wird, kann ich mich hier natürlich auf das Bestehen dieser Prüfung konzentrieren. Dabei wird meist eine mit Schweiß getropfte oder getupfte, 400 bis 600 Meter lange Fährte mit einer Standzeit von 4 bis 20 Stunden gearbeitet. Hierzu kann das Buch sicher noch ein paar neue Ideen geben, das meiste davon ist jedoch viel zu viel Aufwand im Hinblick auf den Prüfungsnutzen.

Der **vielseitige Allrounder** wird häufig ebenfalls nicht über schwierigere Prüfungen geführt, kommt aber in der Praxis zum Einsatz, wenn das beschossene Schalenwild noch eine kurze Todesflucht von bis zu 200 Meter absolviert hat. Hinweis darauf geben bei kleinerem Schalenwild Gewebestücke der Lunge oder auch größere Mengen Panseninhalt bei Rehen oder Kälbern – eine hundertprozentige Sicherheit gibt es aber nicht. Unter diesen Umständen sollte ich mit meinem Hund selbstverständlich auch nach der Prüfung in Übung bleiben, damit wir das Stück sicher finden und zeitnah in die Wildkammer bringen können. Als Führer eines solchen Hundes kann ich mit diesem Buch natürlich mehr Abwechslung ins Training bringen, das eine oder andere am Suchverhalten meines Hundes noch optimieren, habe aber prinzipiell durch die vielen anderen Aufgabengebiete des Hundes bereits eine große Auswahl an Aktivitäten.

Bei den **eingeschränkten Allroundern** handelt es sich um Hunde, die im Herbst und Winter überwiegend stöbern und übers Jahr nach der Ansitzjagd gelegentlich meist einfache, aber auch bisweilen schwierigere Nachsuchen ab-

Der Bayerische Gebirgsschweißhund gehört zu den Spezialisten für die Schweißarbeit.

solvieren sollen. Sie werden daher regulär über erschwerte Schweißprüfungen geführt und brauchen diese oft auch zur Zuchtzulassung – sie haben jedoch nicht dieselbe Auslastung wie die reinen Spezialisten. Hier hilft das Buch einerseits dabei, den Hund umfassend auf die Prüfung und mögliche Schwierigkeiten in der späteren Praxis vorzubereiten, andererseits den Hund übers Jahr abwechslungsreich und seiner Anlage gemäß zu fördern und zu fordern, ohne dass er den Spaß an der Kunstfährte verliert.

Dann bleiben noch die Spezialisten: Hunde, die ausschließlich für die Schweißarbeit ausgebildet und eingesetzt werden. Sie müssen ganz klar umfassend für die Prüfung und den späteren Einsatz trainiert werden und sollten dann auch so viele anspruchsvolle Nachsuchen haben (das Stück wäre ohne Hund nicht zu finden gewesen), dass sie eigentlich nicht der Langeweile wegen mit Kunstfährten beschäftigt werden müssten. Aber Wunsch und Wirklichkeit können aus verschiedenen Gründen auseinanderklaffen und dann darf es eben doch gern kniffelige Aufgaben zur Abwechslung und zum Leistungserhalt geben.

Wie nimmt der Hund seine Umwelt wahr?

Der Hund gilt als Nasentier – das bedeutet, er nimmt seine Umwelt primär über dieses Organ wahr. Entsprechend ist seine Nase auch aufgebaut: deutlich größer und komplexer als bei uns Menschen (wir sind Augentiere). Die Nasenschleimhaut von Hunden ist mit etwa 0,1 Millimeter ungefähr 16-mal dicker, die von ihr bedeckte Fläche mit um die 160 Quadratzentimeter gut 20-mal größer als unsere und entsprechend mehr Riechzellen finden sich dort. Zudem verfügen Hunde pro Riechzelle über ca. 100 Cilien (feine, haarartige Ausstülpungen einer Zelle), wir hingegen verfügen nur über 5 bis 10 Cilien je Riechzelle. An diesen „Haaren" sitzen Chemorezeptoren, an welchen die Geruchsmoleküle andocken.

Entsprechend der viel feineren und umfangreicheren Sensorik ist auch die dahinterliegende „Rechnerleistung" eine andere – das Riechhirn der Hunde ist deutlich größer und komplexer verschaltet als unseres. Wir haben schlicht nicht den Dunst einer Ahnung, wie sich die Welt der Gerüche für Hunde darstellt. Man konnte aber feststellen, dass sie im Gegensatz zu uns offensichtlich in der Lage sind, eine einzelne, schwache Geruchskomponente aus einem kräftigen, dominanten Mischgeruch herauszufiltern. So können beispielsweise Zollhunde Drogen aufspüren, selbst wenn diese im Tank eines Fahrzeugs versteckt wurden. Außerdem besitzen Hunde die Fähigkeit, dreidimensional zu riechen – entsprechend unserem räumlichen Hörvermögen. Einem Hund ist sofort klar, woher ein Geruch kommt oder in welche Richtung jemand gegangen ist.

Natürlich nutzen Hunde auch ihre Augen und Ohren auf der Jagd, durchaus auch bei der Ausarbeitung einer Fährte. Im Gegensatz zu uns verfügen Hunde über ein besseres Dämmerungssehen, sind aber beim Erkennen von Farben eingeschränkt, da sie eine Rot-Grün-Sehschwäche haben. Entsprechend nehmen sie rote, orangefarbene und grüne Fährtenmarkierungen deutlich schlechter wahr als gelbe, blaue oder weiße.

Bei Rassen, die auf tiefe Nase gezüchtet wurden, ist das nicht unbedingt relevant, da sich die Markierungen meist außerhalb ihres Sichtbereiches befinden. Zudem versuchen diese Hunde, ein Problem auf der Fährte bevorzugt mit weiterhin tiefer Nase zu lösen – eben aufgrund ihrer Veranlagung. Bei einem Vorstehhund, der ursprünglich viel mit hoher Nase arbeitet, sieht das Ganze schon anders aus: Er nimmt die Markierungen möglicherweise wahr und orientiert sich an ihnen. Gleiches gilt für deutlich sichtbare Spuren am Boden. Kann mein Hund Trittspuren im Schnee oder in der niedergetretenen, halbhohen Wiese erkennen, wird er diese Information mindestens ebenfalls nutzen, als Anfänger vielleicht sogar über die Orientierung mit der Nase stellen.

Hier verfolgt der Hund eine sichtbare Trittspur in einer Wiese.

Hunde haben zwar einen feineren Gehörsinn als wir, denn sie nehmen eine größeres Frequenzspektrum und auch leisere Töne wahr, nutzen diesen aber bei der Nasenarbeit eher wenig. Die Konzentration auf einen Geruch kann so weit gehen, dass der Hund unsere Hörzeichen nicht sofort wahrnimmt. Das ist kein „Ungehorsam“, sondern schlicht der absoluten Konzentration auf die Arbeit geschuldet. Entsprechend darf ich hier natürlich auch nicht strafend einwirken, sondern wiederhole meine Ansage lauter oder stoppe den Hund und mache ihn auf mich aufmerksam. Das beschriebene Szenario ist ziemlich typisch für alle Rassen, die für sehr eigenständiges Arbeiten gezüchtet sind – wie die Laufhunde, Bracken, Schweißhunde, aber auch Erdhunde und Stöberhunde vom Urtyp wie die Laika.

Je mehr der Hund für die Kooperation mit dem Menschen selektiert wurde und je führerweicher er ist, desto eher wird er bemüht sein, die Wünsche seines Jägers wahrzunehmen und zu erfüllen. Daher kann es bei diesen Hunden sogar vorkommen, dass sie die Kunstfährte verlassen, weil ich unsicher bin und mich leise zweifelnd äußere, ob das wohl richtig ist, was der Hund da tut. Ähnlich feinfühlig und damit besser (zu)hörend wird aber auch der ursprünglich eigenständige Typ, wenn ich ihm mit strafbetontem Training Gehorsam beibringe oder gar für Fehler bei der Fährtenarbeit abstrafe. Die latente Unsicherheit, ob von hinten womöglich Gefahr droht, führt automatisch zu einer höheren Aufmerksamkeit in diese Richtung und damit weg von der eigentlichen Arbeit – einer der Gründe, warum man von Spezialisten nur den allernötigsten Gehorsam verlangt.

Geruchliche Komponenten einer Fährte

Was ist Geruch?

Geruch ist eigentlich die Interpretation der Erregung von Sinneszellen der Geruchsorgane durch das Gehirn eines Individuums. Die Erregung geschieht durch flüchtige, gasförmige Moleküle, die durch die Nasenschleimhaut diffundieren und an den passenden Rezeptoren der Cilien der Riechzellen andocken. Substanzen mit dieser Fähigkeit nennt man Riech- oder Geruchsstoffe. Geruch kann sich auf einen einzelnen Stoff beziehen (z. B. Menthol), aber auch eine Mischung mehrerer Stoffe sein, wie z. B. Aas (das u. a. Buttersäure und Schwefelwasserstoff enthält). Verfolgt der Hund nun eine Fährte, hat er eine ganze Palette an Gerüchen, die ein Gesamtbild ergeben.

Handelt es sich um eine echte Fährte von verletztem Wild, haben wir den Individualgeruch, zusammengesetzt aus den Gerüchen der Haut und der verschiedenen dort mündenden Drüsen für Schweiß und andere Sekrete. Diese verteilen sich direkt vom Körper weg in die Luft, fallen aber auch mit mehr oder minder großen Hautschuppen zu Boden (beim Menschen geht man von etwa 40.000 solcher Schuppen pro Minute aus) und verbreiten von hier ihre Geruchsstoffe. Hinzu kommt der andauernde mikrobielle Abbau von Zellen, Hautschuppen, anhaftenden Ausscheidungen verschiedener Drüsen und Organe.

Beeinflusst wird der Individualgeruch auch vom aktuellen Ernährungs-, Gesundheits- und Hormonzustand. Kein Individuum riecht wie das andere und kann auch nicht verschwinden, ohne Geruchsstoffe zu hinterlassen. Im Fall des verletzten Wildes kommt die „Krankwitterung“ hinzu, die unsere Hunde als Beutegreifer stark fasziniert und zur Verfolgung animiert – sie folgen ihrem Instinkt. Hat das Stück eine offene Verletzung, fallen auch Gewebefetzen, Haare, Schweiß usw. zu Boden und verstärken die Spur aus Individualwitterung.

Eine weitere Komponente bildet die Bodenverwundung. Das Wild drückt oder fängt sein ganzes Körpergewicht (je nach Gangart) mit nur einem Bein am Boden ab. Dabei stempelt es natürlich seinen Individualgeruch an diese Stelle; zudem

Mit dem Schalenabdruck wird auch der Individualgeruch hinterlassen.

So kann man sich vorstellen, wie zum Beispiel ein verletztes Reh seine verschiedenen Gerüche verbreitet.

wird der Boden verdichtet sowie Mikroorganismen, Kleinstlebewesen und Pflanzen werden dabei zerquetscht. Dieser Vorgang führt zu neuen spezifischen Gerüchen, genauso wie der mikrobielle Abbau der zerstörten Organismen.

Ein wild lebender Hund ist gezwungen, möglichst effizient zu jagen. Es ist also äußerst wahrscheinlich, dass er alle verfügbaren Informationen für seine Fährtenarbeit verwenden wird. Nichts anderes erwarte ich von einem Hund, der einer künstlichen Fährte folgt. Bei dieser findet sich immer der Individualgeruch des Fährtenlegers (bei Prüfungen u. U. auch der vom Ortskundigen und weiteren Richtern), vermutlich auch Geruch aus ihrer Kleidung und verwendeter Hygieneartikel. Wurden Fährtenschuhe benutzt, kann der Geruch des Materials für den Hund wahrnehmbar sein. Geruch der verwendeten Schalen und von ausgebrachtem Schweiß wird sich finden, genauso wie Geruch aus der Bodenverwundung. Ob die Sohle der Fährtenschuhe prüfungskonform geschlossen oder offen ist, hat keinerlei Auswirkungen – dann schon eher die Bauart, die bestimmt, ob nur die Sohle der Schalen oder ganze Laufteile den Boden berühren und mit wie viel Druck sie in diesen eingepresst werden. Ganz egal, welchen Aufwand ich beim Fährtentraining treibe: Kein halbwegs gescheiter Hund wird eine Kunstfährte je mit einer Echtfährte verwechseln!

Einflüsse auf Geruch und Nasenleistung des Hundes

Auf einer Fährte finden sich also immer Duftstoffe bzw. Gerüche und trotzdem tut sich mein Hund nicht immer gleich leicht oder bisweilen sogar ungewöhnlich schwer. Das kann so weit gehen, dass er die Fährte trotz absolutem Willen und gutem Trainingszustand nicht vorwärtsbringen kann. Was könnte die Ursache sein?

Temperatur

Ein Grund kann die aktuell gegebene Temperatur sein. Extreme Kälte ist ein Problem: Je kälter es wird, desto langsamer laufen alle chemischen Prozesse ab. Bei deutlichen Minusgraden kommen sie fast vollständig zum Erliegen. Ist die Fährte nicht taufrisch, hat sie schnell die Umgebungstemperatur angenommen: Leichtere Geruchsstoffe sind bereits verflogen, neue werden kaum gebildet. Der Hund muss sich extrem konzentrieren, um die verbleibenden feinen Reste zu verarbeiten. Das geht bis zu einem gewissen Punkt, ist aber wirkliche Schwerstarbeit. Gleichzeitig friert die Nase des Hundes durch das schnelle Einatmen der eiskalten Luft – es wird vermehrt Schleim gebildet, der die Geruchsaufnahme stört.

Bei hohen Temperaturen müssen öfter Pausen eingelegt werden.

Bei einer unserer Suchen unter minus 20°C musste ich fast alle 100 Meter pausieren, um die Hundenase mit den Händen und meiner warmen Atemluft „aufzutauen“, dann ging es wieder eine Weile gut, bis die Nase erneut verschleimte und der Hund Mühe hatte, genug Luft zu bekommen. Hier sah man auch den Unterschied, den wenige Grade ausmachen können. Kamen wir nämlich vom eiskalten Nordhang in die Sonne auf einem Südhang, wo es vielleicht 5 Grad wärmer war, verschwand das Phänomen und das Suchtempo war deutlich höher.

Wärme ist jedoch nicht unbedingt besser. Zwar laufen die chemischen Prozesse erfreulich schnell ab und es gibt entsprechend ausreichend Geruchsstoffe zu detektieren – aber der Hund strengt sich beim Suchen immer extrem an. Die Körpertemperatur steigt um bis zu 2 Grad, es wird Kühlung nötig und die geschieht beim Hund über die Zunge beim Hecheln. Je stärker mein Hund zur Kühlung hecheln muss, desto weniger Luft bleibt für konzentrierte Nasenarbeit oder eine anfallende Hatz. Es sind also auch hier Pausen gefragt, Wasser muss angeboten werden und bei Einsätzen unter Extremtemperaturen müssen auch Nase, Ohren und Kopf, eventuell sogar der Körper benetzt werden. Training in gesundheitsgefährdenden Grenzbereichen vermeiden wir, selbst Einsätze müssen gründlich überdacht werden, denn der Hund wird aufgrund unserer Zuchtselektion keine Rücksicht auf sich selbst nehmen, wenn er die Chance auf Beute sieht.

Feuchtigkeit

Je feuchter die Umgebung, umso wohler fühlen sich viele Mikroorganismen. Eine Fährte kann quasi vertrocknen und damit viel schwieriger zu arbeiten sein, als wenn man sie zwölf Stunden später, aber dafür bei Morgentau in Angriff nimmt. Auch die Nasenschleimhaut des Hundes benötigt eine gewisse Feuchtigkeit. Bei extrem trockenem Wetter muss ich deutlich häufiger Wasser anbieten als bei feuchtem Wetter (extreme Hitze außen vor). Regen macht eine Fährte in der Natur kaum schwieriger, oft sogar eher leichter, denn es bleibt die Bodenverwundung. Viele Geruchspartikel haften im schwammartigen Boden und die Feuchtigkeit regt die Zersetzung und Geruchsbildung wieder an. Auf stark verfestigten Flächen, womöglich Beton und Asphalt, sieht das natürlich anders aus: Hier kann die Fährte förmlich weggespült werden.

Diese Suche im Schnee war erfolgreich.

Schneit es auf die Fährte, stellt das für die Hundenase ebenfalls meist kein Problem dar. Der Boden unter dem Schnee ist unter Umständen sogar wärmer als darüber, sodass die Gerüche gut nach oben aufsteigen können. Friert allerdings nasser Schnee durch weiter fallende Temperaturen zu einer dünnen Eisschicht (Firn) zusammen, kann der Geruch komplett eingeschlossen sein. Es ist sogar möglich, dass wir den Fährtenverlauf anhand von Schalenabdrücken und Schweißpartikeln sehen können, der Hund die Spur aber trotzdem nicht mit der Nase fassen kann. Taue ich dann einen solchen roten Tropfen auf, wird derselbe Hund plötzlich sehr interessiert daran sein. Bei derartiger Wetterlage starte ich die Suche erst, wenn es gegen Mittag etwas wärmer ist.

Wind

Wind ist in der Natur (mit Ausnahme von Sturm) eigentlich kein ernsthaftes Problem – ich muss mir lediglich bewusst sein, wie er wirken kann. Die flüchtigen Geruchsstoffe werden leicht verweht, die Schuppen oder Haare sind schwerer und fliegen nicht ganz so weit, größere Stücke wie Gewebeteile oder Schweiß bleiben am Ort kleben und auch der Ursprung der Gerüche aus der Bodenverwundung ist ortsgebunden. Weht der Wind nach rechts während die Fährte entsteht, findet der Hund Geruch direkt auf der Fährte und auch etliche Meter rechts davon.

Verwehter Geruch im Wald

Dreht der Wind noch vor dem Absuchen, kann es zu deutlichen Verwehungen auf beiden Seiten kommen.

Solange die Spur auf natürlichem, weichem Untergrund liegt, verbleibt immer die Bodenverwundung als zentrales Merkmal, an der sich der Hund zusätzlich orientieren kann. Fehlt diese jedoch, weil der Boden steinig oder gefroren ist, dann findet er vermutlich mehr Geruchsstoffe abseits als auf der Fährte. So wird er entsprechend parallel versetzt laufen oder bei drehendem Wind auch weit hin und her über die Fährte pendeln.

Von den Mantrailern weiß man, dass sie sogar über mehrere hundert Meter eine Strecke mit 80 Meter Versatz sicher finden können. Auch meinen ersten Schweißhund habe ich bei einer solchen Aktion einmal ertappt. Wir hatten beständig Pirschzeichen in der Fährte und dann plötzlich gar keine mehr – dafür arbeitete der Hund nun mit halbhoher Nase, aber immer noch beständig vorwärts. Nach 200 Meter fand ich das Fehlen der Pirschzeichen doch etwas merkwürdig, nahm den Hund zurück und bat ihn um die „genaue" Fährte. Siehe da: Nun ging es weiter mit regelmäßigen Pirschzeichen, gut 70 Meter voran hangaufwärts, parallel zum vorherigen Fährtenverlauf. Warum er an diesem Tag von der Kombination Bodenverwundung plus Individualwitterung zur alleinigen Individualwitterung wechselte, weiß ich bis heute nicht. Aber um Pirschzeichen zu finden und zu deuten, Wiedergänge und somit das im Wundbett liegende Stück erwarten zu können, sollte der Hund möglichst fährtentreu arbeiten.

Schwieriger kann es werden, wenn die Fährte durch eine steinige Klinge oder über einen Wasserlauf führt. Hier fehlt die Bodenverwundung und der herrschende Luftzug nimmt den Geruch mit sich aus dem Fährtenverlauf heraus. Der Hund folgt dem Geruch, bis er sich gänzlich verliert, ist nun möglicherweise einige Meter von der Fährte entfernt und kann sie auch durch Kreisen nicht mehr wiederfinden. Beherrscht er das Zurückgreifen nicht eigenständig, muss ich an die Wirkung von Wind denken und ihm entsprechend helfen.

Verwehter Geruch durch einen Wasserlauf

Bei der Fährtenarbeit im urbanen Gebiet fehlt die Bodenverwundung jedoch gänzlich und hier kann der Wind – auch von fließendem Verkehr verursacht – den Fährtengeruch deutlich abtreiben! Jetzt muss ich wieder vermehrt mitdenken, damit ich dem Hund über mögliche Fährtenabrisse hinweghelfen kann, z. B. durch Ablaufen aller Abzweige einer Kreuzung.

Zeit

Zeit ist definitiv ein limitierender Faktor, denn irgendwann sind alle Gewebeteile, Hautschuppen, zertretene Pflanzen usw. zersetzt und ihre Geruchsstoffe verflogen. Bei optimalen Bedingungen stellen mehrere Tage Standzeit für den Hund kein geruchliches Problem im eigentlichen Sinne dar – hier stört dann eher die Intensität der frischen Verleitungen im Vergleich zur schwächer werdenden Fährte.

Aber Wochen oder gar Monate sind ein Ding der Unmöglichkeit. Ähnlich wie bei der Temperatur macht auch das andere Extrem Schwierigkeiten: In einer sehr frischen Fährte steht noch viel Geruchsstoff hoch in der Luft, es existiert quasi ein Geruchstunnel. Der Hund hat es nicht ansatzweise nötig, seine Nase herunterzunehmen, auch besondere Konzentration oder langsames Arbeitstempo sind nicht erforderlich.

Trotzdem muss der Hund lernen, auf Ansage auch solche Fährten exakt und mit angepasster Geschwindigkeit zu meistern. Andernfalls werde ich im Einsatz, wenn das Stück vor uns zieht – ich mir dessen aber noch nicht ganz sicher bin oder aus anderen Gründen den Hund nicht schnallen kann –, von meinem vierbeinigen Partner mit viel zu hohem Tempo durch den Wald geschleift. Je nach Kräfteverhältnis und Athletik von Hund und Halter wird das ernsthaft gefährlich!

Krankheiten

Verschiedene Erkrankungen können die Nasenleistung des Hundes – direkt oder indirekt – erheblich behindern. Ein Hund mit Schnupfen, Zwingerhusten oder Pilzinfektion in der Nase wird kaum über ein besseres Riechvermögen verfügen als ich mit einer schweren Erkältung. Auch von manchen Medikamenten ist bekannt, dass sie sich negativ auf die olfaktorische Wahrnehmung auswirken: Cortison in Dauergabe trocknet z. B. die Schleimhäute aus, Chemotherapeutika können den Geruchssinn beeinträchtigen. Dasselbe gilt für manche unbehandelte Tumore oder Entzündungen im Oberkiefergewebe. Auch Schmerzen, die nicht im direkten Zusammenhang mit dem Geruchssinn stehen, vermindern die Leistungsfähigkeit deutlich: Rückenschmerzen beispielsweise bereiten dem Hund große Probleme – vor allem bei der Suche mit tiefer Nase. Wenn mein Hund also mal nicht kann, wie er will oder soll, muss ich auch eine Erkrankung oder ein Schmerzgeschehen in Betracht ziehen!

Wie eine Fährte legen?

Angesichts der vielen unterschiedlichen Möglichkeiten in der Herangehensweise scheiden sich die Geister. Ich bin der Meinung: Im Prinzip funktioniert fast alles, denn Hunde sind hervorragende Konzeptlerner. Die einzelnen Ansätze haben jedoch verschiedene Vor- und Nachteile, die ich im Folgenden beleuchten werde.

Kalte Gesundfährte

Der wohl älteste Ansatz mit Wurzeln bis mindestens ins Mittelalter ist das Abführen auf der kalten Gesundfährte. Dies wird noch heute von einigen Hirschmann-Führern genutzt und es existiert auch eine entsprechende Prüfung. Dazu wird einzeln ziehendes Hochwild über eine längere Strecke beobachtet und der Fährtenverlauf anhand von Geländemerkmalen notiert oder schlicht erinnert. Nach einer dem Ausbildungsstand des Hundes entsprechenden Wartezeit wird dieser an der Fährte angesetzt bzw. soll sie selbstständig aufsuchen (Vorsuche) und anfallen. Kommt der Hund in den Bereich, ab dem der weitere Verlauf nicht mehr bekannt ist, wird er unter Lob abgetragen.

Früher wurde durch diese Arbeit des Leithundes (der feinnasigste Hund einer Meute) der Einstand des Hirsches bestätigt. Anschließend kam dann die Meute zum Einsatz. Kam der edle Leithund mit dem Schweiß eines verletzen Hirsches in Kontakt, wurde er für diese Arbeit als verdorben angesehen und zum Schweißhund degradiert, der nur noch krankes Wild zu suchen hatte.

Kein Mensch kann die Finessen einer Spur nachbilden, die ein lebendes Stück hinterlassen hat. Die Individualwitterung eines Tieres in einem Gebiet mit zig Verwandten und Artgenossen zu halten, ist sicher anspruchsvoller als Menschenwitterung in einem sonst menschenleeren Wald. Also ein klarer Vorteil dieser Methode.

Nachteile aus meiner Sicht: Nur noch wenige Jäger verfügen über Reviere, in welchen regelmäßig einzeln ziehendes Wild über längere Strecken beobachtet werden kann. Für viele ist die Arbeit auf der kalten Gesundfährte also lediglich eine Ergänzung zu anderen Methoden. Ein weiteres Problem ergibt sich aus der Verfolgung von gesundem Wild durch den jungen Hund, denn das soll er später in der Praxis absolut nicht mehr tun – führt also nur zu Verwirrung. Möglicherweise springt ein so geprägter Hund auch leichter auf frische Verleitungen an.

Hat der Hund später in der Praxis sehr viel zu tun, kann sich das schnell verlieren und der Fokus liegt auf der Krankwitterung. Für mich stellt dieser Ansatz also nur eine Einarbeitungsoption für absolute Spezialisten auf der Krankfährte dar.

Künstliche kalte Gesundfährte

Eine Variante der kalten Gesundfährte ist die geführte Sau. Hier wird ein handzahmes, privat gehaltenes Wildschwein von seinem Besitzer in den Wald begleitet. Das Tier läuft frei und tut, was ein Schwarzkittel in der Natur so tut: Es geht umher, reibt sich an Bäumen, suhlt sich in Pfützen, gräbt nach Futter. Der Mensch bleibt (so weit wie möglich) abseits, notiert sich aber alle Landmarken, die das Schwein passiert. Ist das Borstenvieh wieder im heimischen Stall, wird der Hund auf der Fährte angesetzt und soll ihr nachhängen.

Eine schöne Übungsmöglichkeit, aber leider auch nicht rundherum ideal. Die wenigsten Hundeführer halten eine Fährtensau oder haben eine solche in ihrer Umgebung zur Verfügung. Hinzu kommt: Wenn immer dasselbe Stück gesucht

Mit einem zahmen Wildschwein lässt sich die Gesundfährte üben.

wird, wird das für den Hund irgendwann langweilig. Außerdem riecht eine vom Menschen gehaltene und gefütterte Sau anders als ihre wild lebenden Artgenossen – genau genommen könnte ich dann auch Schafe statt Muffel oder Ziegen statt Gams spazieren führen. Nicht zuletzt ist die Haltung von Schweinen mit diversen Auflagen verbunden, der Transport nicht einfach mit einem Pkw möglich und das Training mit dem Schwein, damit es freilaufend auch wieder zurückkommt, ebenfalls eine Aufgabe. Die Arbeit mit der geführten Sau ist also – wenn überhaupt – nur eine Möglichkeit für Menschen, die (inklusive Schwein) direkt im oder am Revier leben.

Schweiß getupft oder getropft

Kommen wir zum Standard der jagdlichen Gebrauchshundeausbildung: Wildschweiß tupfen oder tropfen – wie es auch in vielen Prüfungen noch verlangt wird.

Zum **Tupfen** brauche ich einen kurzen Stock wie zum Beispiel einen abgesägten Besenstiel. Am unteren Ende befestige ich ein Stück Schwamm (ca. 1 cm dick mit 2 x 3 cm Fläche). Dann benötige ich noch ein Eimerchen für den Schweiß, dazu einen Deckel für den sicheren Transport.

MANTRAILING UND PETTRAILING

Das nichtjagdliche Pendant zur kalten Gesundfährte ist das Mantrailing (eine Form der Vermisstensuche). Hier präsentiere ich meinem Hund eine Geruchsprobe der zu suchenden Person. Der Hund soll die Witterung aufnehmen und verfolgen, die gefundene Person anzeigen und dann wird er belohnt. Solche Suchen finden in der Natur, aber auch im urbanen Bereich statt, wo extrem viele andere menschliche Witterungen in der Luft stehen. Zum Aufbau des Mantrailings – sei es nur zur Auslastung des Hundes oder auch für die Einsatzreife in Rettungsorganisationen – gibt es zahlreiche Bücher. Ich führe das Thema nicht weiter aus, da ich diese Art der Nasenarbeit ausschließlich mit Helfern machen kann. Pettrailing, die Suche nach Haustieren, entspricht vielleicht am ehesten der Arbeit mit einer Fährtensau. Genau wie beim Mantrailing bin ich jedoch auf diverse Helfer angewiesen, diesmal außerdem mit Tier. Aus Erfahrung kann ich sagen: Das wird noch aufwändiger. Wer hier seine Aufgabe sieht, sollte sich mit Gleichgesinnten zusammenschließen.

Hier zeigt der Mantrailer die gesuchte Person an.

Lege ich eine Fährte, tunke ich den Stock mit dem Schwamm in den Eimer, streife überschüssigen Schweiß ab und betupfe nun mehrmals den Boden im geplanten Anschussbereich. Danach lasse ich den Schwamm sich erneut vollsaugen, streife ihn ab und tupfe nun mit jedem Schritt, den ich gehe, einmal auf, anfangs ganz sachte, dann immer fester. Nach etwa sechs bis zehn Schritten muss der Schwamm wieder mit Schweiß versorgt werden. Auf diese Weise erreiche ich ein gewisses Stakkato im Geruchsbild: stark, dann kontinuierlich abnehmend, erneut stark, wieder abnehmend. In Wundbetten und zu Verweisern gebe ich vermehrt Schweiß, ähnlich wie am Anschuss. Am Fährtenende kommt der Deckel

Utensilien wie Tupfstock, Eimer, Spritzflasche und Fährtenstock benötigt man für das Tupfen oder Tropfen einer Schweißspur.

auf den Eimer und der Tupfstock wird gänzlich ausgedrückt, denn ab jetzt sollte kein weiterer Schweißtropfen mehr auftauchen.

Für einfache Prüfungsfährten werden auf 400 bis 600 Meter bis zu 250 ml Schweiß verteilt. Das ist – vor allem wenn es sich um nur wenige Stunden Standzeit handelt – enorm viel. Da steht noch die Witterung vom Fährtenleger in der Luft und auch die vom Schweiß ist noch sehr präsent. Der Hund wird geradezu verführt, mit halbhoher oder gar hoher Nase in eine Art Freiverlorensuche zu wechseln. Nur zum Vergleich: Spezialisierte Hunde der Polizei können Blut auch nach einer Maschinenwäsche noch in Kleidung detektieren. Da muss ich mich nicht wundern, wenn mein ebenfalls feinnasiger Jagdhund diese Art von „Schweiß-Autobahn" nicht langsam und konzentriert verfolgt. Auch eine Standzeit über Nacht hilft hier meist nicht weiter. Wenn ich bei dieser Art Fährte bleiben will, liegt des Rätsels Lösung im Verdünnen des Schweißes. Entweder verdünne ich die verwendete Menge durch die Länge der Strecke, lege also eine deutlich längere Fährte mit den 250 ml Schweiß (1000 Meter und mehr) oder nehme für kürzere Strecken entsprechend weniger Schweiß. Auch das direkte Verdünnen des Materials mit Wasser löst das Problem und natürlich kann ich beides miteinander kombinieren.

Legen mehrere Personen gemeinsam die Fährte, läuft der Fährtenleger als letzter, damit niemand in den frischen Schweiß tritt und ihn so nach dem Fährtenende noch ungewollt verteilt. Mindestens zwei Personen sind bei der Tupfmethode sowieso sinnvoll, denn das Eimerchen tragen, gleichzeitig den Tupfstock benutzen und regelmäßige Fährtenmarkierungen setzen, wird allein wirklich kompliziert.

Damit haben wir eine gute Überleitung zur **Tropfmethode**. Hier fülle ich den Schweiß in eine Tropfflasche aus der Apotheke oder in eine leere PET-Flasche und bohre bei dieser ein Loch in den Deckel. Je kleiner das Loch, desto feiner muss der Schweiß vor der Verwendung gesiebt sein, sonst verstopfen geronnene Brocken den Auslass. Will ich den Pfropf dann durch kräftiges Drücken der Flasche beseitigen, produziere ich leicht ein eigentlich ungewolltes Wundbett, wenn er dann nachgibt und eine größere Menge Schweiß hinterherspritzt. Das ist ein klarer Nachteil gegenüber der Tupfmethode. Ein weiteres Problem ergibt sich, wenn meine Strecke nicht im lichten Altholz, sondern im dichten Bewuchs verläuft, denn dann landen die Tropfen oben auf der Vegetation. Das passiert in der Praxis prinzipiell auch, aber da hat das Tier zusätzlich Bodenkontakt und verliert überhaupt überall Geruchspartikel. Auf der getropften Fährte hängt der spannende Wildgeruch nun aber auf oder sogar über Kopfhöhe des Hundes – er wird verleitet, mit halbhoher bis hoher Nase zu suchen.

Neben dem Verdünnen des Schweißes und der Verlängerung der gelegten Strecke kann ich auch immer seltener tupfen bzw. tropfen, zum Beispiel nur noch jeden rechten Schritt, alle vier Schritte oder noch seltener. Das macht es sicher schwieriger, aber ab einer gewissen Distanz zwischen den einzelnen Tupfen bzw. Tropfen muss der Hund sich ganz von dieser Komponente der Fährtenwitterung

Dieser Hund sucht mit hoher Nase an Schweiß.

lösen und kann dann nur noch meiner Witterung samt Bodenverwundung verfolgen. Das ist eine gute Möglichkeit, einen Hund sachte auf die Verwendung eines Fährtenschuhs (siehe unten) umzustellen, wenn er bisher nur Fährten mit relativ viel Schweiß kannte. Allerdings zeigt meine Erfahrung aus vielen Seminaren, dass die Mehrzahl der Hunde auch eine radikale Umstellung schon nach wenigen Metern auf der neuen Fährtenart gemeistert hat.

ALTERNATIVEN

Für die nicht-jagdliche Ausbildung oder Auslastung im urbanen Bereich fällt Schweiß/Blut definitiv aus – ich will schließlich keinen Rettungseinsatz auslösen! Als anfänglichen Leitgeruch kann ich stattdessen das Wasser aus Bockwurstgläsern oder Leberwurstwasser (ein Teelöffel Leberwurst in einem Liter heißem Wasser aufgelöst) nutzen und dieses tupfen oder tropfen. Auf Asphalt und Beton sind solche Fährten – je nach Trainingsstand des Hundes und Wetterlage – bis zu sechs Stunden relativ gut zu arbeiten. Danach geht der Hund immer mehr zum Trailen über, verfolgt also meine Individualwitterung (was kein Fehler sein muss). Es spricht nichts dagegen, dass der Hund lernt, meine eigene Spur auszuarbeiten. Das ist quasi Trailen für Alleingänger, unabhängig von Helfern. In der Natur bleibt diese Lebensmittel-Fährte ähnlich der Schweißfährte deutlich länger präsent.

Als Alternative eignet sich auch eine Wurstwasserfährte.

Bleibt zum Thema „Tupfen und Tropfen“ noch die Gretchenfrage: Verwende ich Schweiß oder Nutztierblut oder sogar Fährtenschweißkonzentrat aus dem Handel? Die Idee, im Training mit Nutztierblut zu üben und den Hund in der Prüfung dann erstmalig mit Wildschweiß zu konfrontieren, zielt darauf ab, in der Prüfungssituation etwas ganz Neues und daher besonders Spannendes zu präsentieren. Noch dazu scheinen die meisten Hunde Wildgeruch prinzipiell faszinierender zu finden als den Geruch von Vieh. Der magische Effekt des Neuen kommt jedoch auch zustande, wenn ich immer mit Schwarzwild übe und zur Prüfung wird Rotwild verwendet – oder umgekehrt.

Kommen wir zum Fährtenschweiß-Konzentrat, das ich im Handel kaufen kann. Dabei handelt es sich um ein Pulver aus getrocknetem Schweiß diverser Wildarten, das mit Wasser angerührt wird. Die Idee dahinter ist: Der Hund lernt in einem Aufwasch alle Wildarten kennen, so wie der Drogenspürhund sein nach allen marktüblichen Betäubungsmitteln riechendes Spielzeug sucht und im Einsatz auch auf Einzelkomponenten (also nur eine Droge) reagiert.

Was das Kennenlernen von Wild angeht, bin ich doch eher konservativ und nutze Decken, Schwarten, Läufe usw. Auf bisher unbekannte Wildarten haben meine Hunde immer neugierig-erregt reagiert. Somit bleibt die angerührte Mischung schlicht Ersatz für Schweiß, nur irgendwie noch langweiliger als der Schweiß immer derselben Art, bei dem dann wenigstens das Individuum wechselt. Nach meinem Dafürhalten kann ich statt des Konzentrates in diesem Fall auch gleich die deutlich kostengünstigere, nicht-jagdliche Variante mit Leberwurstwasser oder Ähnlichem als lockenden Leitgeruch wählen. Das muss jedoch letztlich jeder für sich selbst entscheiden.

Der Fährtenschuh

Das von mir bevorzugte Hilfsmittel bei der Jagdgebrauchshundeausbildung im Fach Schweißarbeit ist und bleibt der Fährtenschuh – auch dann, wenn ich keinen Spezialisten heranbilde. Weshalb das so ist, erklärt sich aus einigen möglichen Varianten im Training, die mit den anderen Methoden nicht oder nur schwierig nachzustellen sind. Außerdem ist das Handling der Hilfsmittel beim Transport und Legen der Fährte einfacher und sauberer: Es werden keine Behälter benötigt, die undicht, umgekippt oder heruntergefallen das Auto oder den Fährtenleger mit Schweiß verschmutzen können.

Ein Fährtenschuh ist eine unter den normalen Schuh zu schnallende Sohle, unter oder hinter der die Schalen von Wild eingespannt werden. Beim Laufen drücken sich die Schalen in den Boden, verwunden diesen und stempeln ihre Witterung ab. Es gibt ganz unterschiedliche Modelle auf dem Markt.

Das älteste ist der **Holzschuh**, meist mit einer zentralen Aussparung für jeweils eine Schale. Diese wird so eingeschraubt oder per Seilzug befestigt, dass überwiegend die Schale selbst und nicht auch der Rest vom Lauf in den Boden gedrückt wird. Das Holz kann im Laufe der Zeit diverse Gerüche annehmen – was ich aber für vernachlässigbar halte bei dem Potpourri aus Gerüchen, dem der Hund folgt.

Holzfährtenschuhe „Seiler“ mit Seilzug

Holzfährtenschuhe mit Klemmbügel – hier kommt mehr Witterung an den Boden.

Mögliche Nachteile der Holzversion: Die Sohle ist sehr dick, man geht wie auf Plateauschuhen. Wer sowieso schon unter schwachen oder angegriffenen Bändern am Sprunggelenk leidet und/oder sehr bergig unterwegs ist, kann somit durchaus das eine oder andere ungeplante „Wundbett" anlegen (Sturzgefahr!). Außerdem müssen die Läufe unter Umständen mit einem Beil auf die passende Größe für die Aussparung gebracht werden, was auch nicht jedermanns Sache ist. Dennoch ist es vermutlich das beliebteste Modell in den Reihen des Klub BGS.

Alternativ gibt es ein etwas weniger hohes Modell aus einem flexiblen **Gummimaterial**. Hier liegen die Läufe in der Aussparung, sodass deutlich mehr Geruchspartikel an den Boden gedrückt werden. Die Aufnahme ist erheblich schmaler als beim Holzmodell, Läufe von kapitalem Schwarzwild oder erwachsenem Rotwild sind oft zu sperrig und können nicht verwendet werden. Da der Schuh aber über sehr gute Laufeigenschaften im flachen Gelände verfügt und zu einem günstigen Preis erhältlich ist, verbreitet er sich zunehmend.

Es gibt zudem verschiedene Modelle, bei welchen die Läufe hinten am Schuh angebracht werden, sowie eines mit einer schmalen **Gummisohle**, das sich aber, wenn man nicht die passende Schuhgröße hat, aus eigener Erfahrung nicht sehr komfortabel läuft.

Für etwa den gleichen Preis erhält man ein Modell aus **Aluminium mit einer stabilen Laufbefestigung** an der Hacke. Bei Bedarf kann eine Verlängerung für

Das Fährtenschuh-Modell Wasgau® besteht aus Gummi.

Das Fährtenschuh-Modell SfA® besteht aus Aluminium.

den vorderen Sohlenbereich zugekauft werden, was aber lediglich von Bedeutung ist, wenn man selbst Prüfungsfährten anlegen will. Der Schuh ist leicht und auch Schalen von kapitalem Wild können eingespannt werden. Dieses Modell ist ebenfalls weit verbreitet unter Schweißhundeführern.

Bleibt noch der „Mercedes“ (wegen des doppelten bis dreifachen Preises) unter den Fährtenschuhen, ebenfalls ein Modell aus leichtem **Aluminium mit kompletter, aber durchbohrter Sohle**. Er kann von Schuhgröße 37 bis etwa 46 leicht verstellt werden und ist dank Ratschen aus dem Snowboardbereich flott angelegt. Läufe aller Größen können mit einer solchen Ratsche schnell festgezogen werden. Leider kann es

ALTERNATIVEN

Ein echtes Gegenstück zu den praktischen Fährtenschuhen gibt es für den nicht-jagdlichen Bereich leider nicht. Möchte ich nicht tupfen oder tropfen, kann ich einfach ein paar mit dem aromatisierten Wasser getränkte Socken über alte, ausrangierte Schuhe ziehen und so den Geruch verteilen. Da ich aber im urbanen Bereich nicht so sehr auf freie Hände zum Markieren angewiesen bin, sollte die Tropfmethode ausreichend sein. Wenn auf der jagdlichen Fährte die Wildart gewechselt oder eine Verleitfährte mit einer anderen Wildart angelegt wird, kann ich verschiedene Lebensmittelgerüche einsetzen. Neben Leberwurstwasser kann ich beispielsweise auch Backaromen oder künstliche Frucht- und andere Lebensmittelaromen nutzen. Wenn die Aufgabe spannend ist und am Ende eine tolle Belohnung lockt, ist dem Hund die Art des zu suchenden Geruchs egal. Zollhunde stöbern begeistert nach Drogen, Sprengstoff, Bargeld, Elektronikbauteilen oder geschützten Tierarten. Warum sollte ein Familienhund nicht genauso begeistert eine Vanillinspur ausarbeiten?

vorkommen, dass sich Äste hinter den Riegel schieben und die Ratsche öffnen – dabei kann auch mal ein Lauf unbemerkt verloren gehen.

Während die anderen Modelle mit zwei bis vier dicken Schrauben oder mehreren Gumminocken in der Sohle gegen Rutschen gesichert sind, hat dieses Modell einen gezahnten Rand, der selbst in feuchten Steilhängen und auf nassen Ästen einen hervorragenden Halt bietet. Man geht also sehr komfortabel und sicher, hinterlässt jedoch auch eine gewaltige Bodenverwundung. Auch dieses Modell hat eine große Anhängerschaft. Gemeinsamer Nachteil aller hinten einspannenden Modelle: Der Lauf kann sich hinter Ästen und Brombeerranken verhängen, das ist nervig bis gefährlich.

Es gibt also verschiedene brauchbare Fährtenschuhe. Ich empfehle, sich bei Kollegen umzuhören und den einen oder anderen Schuh zu testen. Auch im Training mit dem Hund können gern unterschiedliche Schuhtypen verwendet werden.

Das Modell Suchenheil® besteht auch aus Aluminium.

Solange noch kein Schuh angeschafft wurde, kann man sich auch anderweitig behelfen. Ich binde mir entweder kleine Decken- oder Schwartenfetzen unter die Schuhe und bringe so den Individualgeruch des Stückes an den Boden oder bastele mir ganz einfach ein oder zwei Fährtenstöcke. Dazu nehme ich dickere, feste Haselnussstecken, kerbe sie am unteren Ende zwei Mal etwa im Abstand von 4 cm ein und sichere den Lauf mit zwei Kabelbindern. Fährtenstöcke wurden und werden gern im alpinen Bereich zum Legen einer Fährte verwendet, da dort die klobigen Holzfährtenschuhe an vielen Stellen nicht nutzbar sind. Die Bodenverwundung durch die Schalen ist mit einem Fährtenstock deutlich geringer als beim Einsatz von Fährtenschuhen.

Zum Legen der Fährte trage ich die Schuhe bis zum Anschussbereich. Dort werden sie untergeschnallt, normalen Schrittes gelaufen und am Ende wieder abgeschnallt. Die Hände sind frei, um Markierungen anzubringen – im Vergleich zum Tupfen und Tropfen also eine schnelle, saubere, unkomplizierte Methode.

Gewinnung und Lagerung von Läufen und Schweiß

Ein weiterer Vorteil der Arbeit mit Fährtenschuhen: Man kommt deutlich leichter an Material, auch wenn man nicht selbst ausreichend Wild erlegt. Erfahrungsgemäß kommen Jagdfreunde einer Bitte nach Läufen lieber nach als der nach Schweiß. Schweiß muss extra aufgefangen, abgefüllt und dann noch eine Weile geschüttelt werden, damit er nicht gerinnt. Hat der Kollege nicht oder zu spät an die Sammelbitte gedacht, ist das rote Gut auch schon im Ausguss der Wildkammer oder im Waldboden versickert. Die Läufe hingegen bleiben meist bis zum Zerwirken am Wildkörper und wenn sie abgeschnitten sind, müssen sie nur gekühlt werden – kein großer Aufwand.

Eine weitere Quelle sind Wildbrethändler und Metzger, die Wild aus der Region anbieten. Im Herbst kann man auch nach dem Streckelegen fragen, ob man sich die Läufe abschneiden darf. Verfügt man nicht über entsprechende Kontakte, gibt es sogar Online-Shops, die Schalen und Schweiß verkaufen.

Die frisch gewonnen Schalen friere ich paarweise mit einem guten Schluck Wasser ein. So bleiben sie saftig und entwickeln weniger Gefrierbrand. Kann ich auch Schweiß von dem Stück auffangen, kommt dieser in ein Extratütchen zu den passenden Schalen. Größere Mengen Schweiß lassen sich übrigens hervorragend in Eiskugel-Beuteln einfrieren und auf diese Weise später leicht portionieren.

Einige Stunden vor Verwendung des Materials taue ich es im warmen Wasserbad auf. Dann lege ich die Fährte und lagere die Schalen bis zum Absuchen kühl. Bevor ich den Hund ansetze, lege ich die Schalen ans Fährtenende und nach der Arbeit werden sie wieder mit etwas Wasser eingefroren. So behandelt, kann ich ein Paar für etwa fünf Fährten nutzen. Um sie nicht aus Versehen häufiger zu verwenden, bringe ich nach jedem Einsatz eine Markierung an der Verpackung an. Ansonsten gilt: Wenn die Schalen beginnenden Verwesungsgeruch aufweisen, werden sie entsorgt.

Welche Wildarten sollte ich für die Arbeit nutzen?

Meiner Meinung nach können prinzipiell alle Arten genutzt werden, die mein Hund später auch arbeiten soll. Trotzdem gibt es dabei Verschiedenes zu bedenken. Da ist zum einen der bereits erwähnte Neugier-Effekt. Der Hund findet auf der Prüfung einen Geruch vor, den er bis dahin nicht kannte. Für die meisten deutschen Reviere würde das bedeuten, dass Rotwild erst zur Prüfung zum Einsatz kommt, da es nur in den Kerngebieten vorhanden ist. Die Teams aus den wenigen Landstrichen ohne Schwarzwild gingen dann zu einer Prüfung, bei der die Fährte mit Schwarzwild getreten wird. So weit so logisch und verlockend – nur kann ich nicht sicher vorhersagen, wie mein Hund auf den neuen Geruch reagieren wird. Vielleicht findet er die Fährten der lebenden Artgenossen des Fährtenwildes noch viel interessanter, als die für ihn klar als solche identifizierbare Kunstfährte.

Ich persönlich arbeite meine Hunde deshalb schwerpunktmäßig auf die Wildart ein, die sie auch zur Prüfung haben werden und die in meinen Übungsrevieren ebenfalls ausreichend vorkommt. So sind sie den Umgang mit der lebenden Verleitung schon lange gewohnt. Zur Abwechslung kommt dann gelegentlich die eine oder andere Hochwildart zum Einsatz.

Und was ist mit Rehwild? Warum machen so viele Schweißhundeführer um unsere kleinste Schalenwildart einen großen Bogen? In manchen Büchern liest man, Rehe würden süßlich duften, ihre Fährte sei entsprechend leicht zu verfolgen und würde daher von den Hunden bevorzugt. Ich muss gestehen, für meine

Rehwild wird später natürlich auch vom Schweißhund nachgesucht!

rudimentär entwickelte Nase riechen Rehe oder ihre Füße weder süß noch sonderlich intensiv, wenn ich zum Vergleich an den Schalen von Schwarzwild oder Rotwild schnuppere. Ich vermute eher, dass den Hunden instinktiv klar ist, dass es sich um eine weniger wehrhafte Wildart handelt, die man ziemlich gefahrlos verfolgen kann und die daher das Interesse weckt. Hinzu kommt, dass Rehe flächendeckend in meist recht hoher Anzahl zu finden sind. Das bedeutet, mein Hund stolpert ständig über diese Verleitung, da möchte ich sie vor der Prüfung nicht unbedingt noch attraktiver machen, als sie sowieso schon ist. Also gibt es keine Kunstfährte mit Reh für den Schweißhund, der auf Hochwild geprüft wird. Soll mein Vollgebrauchshund jedoch eine getupfte/getropfte Rehfährte auf seiner Prüfung absolvieren, dann übe ich sogar schwerpunktmäßig damit.

Ein weiterer Sonderfall für mich ist Gamswild. Dieses verwende ich nur beim Training von reinen Schweißspezialisten. Meine auch zum Stöbern eingesetzten Hunde sollen gar nicht auf den Geschmack dieser Wildart kommen, deren Verfolgung im Fels nicht ungefährlich ist.

Bleibt das Thema Schwarzwild und Aujeszky – das bei Schweinen vorkommende Virus, welches bei Hunden die in jeden Fall tödlich endende Pseudowut auslöst. Will ich diesbezüglich wirklich auf der sicheren Seite sein, muss ich auf den Einsatz von Schwarzwild und am Schwarzwild verzichten. Zum Training verwendetes Material sollte ich dann vor der Verwendung untersuchen lassen. Ich persönlich übe sehr wohl damit, da meine Hunde diese Wildart auch jagen und nachsuchen. Allerdings überlasse ich die Schalen nicht als Belohnung zum Benagen und auch die Schwarte an der Hetzangel ist immer dasselbe nicht infektiöse Stück.

Muss die Fährte nun stückidentisch sein (alles von einem Tier: Schalen, Schweiß, Decken- bzw. Schwartenfetzen zum Verweisen und die Beute am Ende) – oder reicht auch artidentisch? Ich bevorzuge stückidentisch, denn der Hund soll später im Einsatz ebenfalls nur die Dinge verweisen, die zu seiner Ansatzfährte gehören. Er soll auch nicht auf eine andere Krankfährte changieren oder am Aufbruch eines anderen Stückes die Arbeit einstellen. Das sind Szenarien, die nach Drückjagden durchaus entstehen können. Außerdem kann ich beim sauberen, stückidentischen Üben zusätzlich noch diffizilere Aufgaben zum Austüfteln kreieren, selbst wenn ich mit diesem Hund gar nicht in den realen Einsatz gehen will. Getrocknete Schwarten- oder Deckenstücke an der Angel gehen dann in Ordnung, wenn immer auch die zur Fährte passenden Schalen am Ende liegen. Artidentisch ist jedoch vollkommen ausreichend, wenn ich nicht alle Finessen durchspielen will.

Varianten

Schleppfährte mit Futter/Wild

Für die Schleppfährte verwende ich eine einfache Schnur und Futtermaterial zum Hinterherziehen. Dieses wird entweder direkt an die Schnur gebunden (Pansenstücke, größere Fleischbrocken) oder in ein Netz gegeben und dieses dann angebunden (für alle Futterbrocken, die zum Anbinden zu klein sind). Nun gehe ich die geplante Strecke und ziehe mein Schleppgut hinter mir her, sodass eine durchgängige Schleppspur entsteht. Am Ende lege ich das Schleppgut als Belohnung ab.

Eine Schleppe wird angelegt.

Züchter können wahlweise den ganzen Wurf oder einzelne Welpen auf einer solch frischen, vielleicht 5 bis 10 Meter langen Spur ansetzen. Folgen die Kleinen der Spur sicher und mit Begeisterung, wird beim Schleppen zum Futter zusätzlich ein Stück von einer frischen Schwarte oder Decke gehängt. Nach zwei bis drei solcher Übungen wird nur noch das Wild gezogen, das Futter nur gelegentlich getupft und bald schon weggelassen. Sollte der Züchter diese Vorarbeit nicht geleistet haben, beginne ich mit meinem Welpen nach der Übernahme gern auf diese Weise.

Im nächsten Trainingsschritt findet sich die Futterbelohnung am Ende, unterwegs wird das Wild immer weniger geschleppt und stattdessen mit abnehmender Intensität getupft. Gleichzeitig habe ich schon Fährtenschuhe mit Schalen desselben Stücks an den Füßen – so entsteht ein fließender Übergang. In diesem Alter kommt auch noch kein Riemen zum Einsatz. Der Welpe soll einfach Spaß an der Nasenarbeit entwickeln. Den Riemen lernt er zuerst abseits der Fährte kennen.

ALTERNATIVEN

Die Schleppfährte mit Futter ist eine Alternative zu der mit Würstchenwasser getropften Fährte. Der Futterbrocken wird im Verlauf des Trainings immer kleiner und die Standzeit der Fährte erhöht. Viele der weiter unten beschriebenen Übungen sind mit der Futterschleppe oder der getupften Futterfährte ebenfalls möglich.

Futterfährte

Die Futterfährte kommt aus dem Hundesport. Dort soll der Hund eine sehr junge, nur mit Gummistiefeln getretene Fährte von gerade einmal 20 Minuten Standzeit langsam, ruhig und Schritt für Schritt mit tiefer Nase ablaufen. Es wird besonders gern gesehen, wenn der Hund jeden einzelnen Fußabdruck nacheinander abschnüffelt. Dieser Suchenstil wird meist über Futter auf der Fährte antrainiert. Dabei liegt anfangs in jedem Abdruck ein Brocken und der Hund darf nur weiter voran, wenn er diesen auch gefressen hat. Erst wenn er so konzentriert und ruhig sucht, dass er nicht mehr über die Leine zurückgehalten werden muss, werden die Brocken langsam ausgedünnt, bis gar keine mehr in der Fährte liegen.

Dies ist eine wunderbare Methode für verfressene, von der Anlage her eher hektische, schnelle, mit hoher Nase suchende Exemplare – leider mit dem gravierenden Nachteil, dass der Hund sich das Fressen auf der Fährte angewöhnt. Ob es dann durch weiteres Training noch möglich sein wird, den Hund am Fressen

Dieser Deutsch Kurzhaar erarbeitet gerade eine Futterfährte.

von Verweiserbrocken (durchaus schmackhaft aus Hundesicht) zu hindern und diese stattdessen anzuzeigen, ist fraglich. Standzeiten und Streckenlängen kann ich natürlich erst ausbauen, wenn der Hund futterfreie Fährten geht – andernfalls hätten andere Tiere die Brocken vor dem Absuchen längst gefunden.

Ich finde diesen Ansatz ganz interessant für Vorstehhunde- und Terrierwelpen von der 8. bis maximal zur 12. Woche, wenn ich ohne jeden Wildgeruch und nur mit Trockenfutter in der Fährte übe und parallel das Anzeigen (respektive Nicht-Fressen) von Wildbrocken am Boden trainiere. Hier gehe ich davon aus, dass beide Rassegruppen nicht als Schweißspezialist angeschafft werden. Bei Vorstehern, die später auch hervorragend mit hoher Nase im Feld agieren sollen, darf ich nicht vergessen, dieses Verhalten mindestens genauso intensiv zu fördern!

ALTERNATIVEN

Die Futterfährte kann auch für den Familienhund ein schöner Einstieg in das Hobby Nasenarbeit sein. Entweder bleibt es dann bei der Individualwitterung des Fährtenlegers oder es werden Futter- bzw. Lebensmittelaromen ausgebracht.

Fluchtfährte

Die Fluchtfährte entstammt der Einführung ins Mantrailing: Der Hund sieht eine Person mit einer begehrten Belohnung (Futter oder Lieblingsspielzeug bzw. Beutestück) zügig verschwinden. Natürlich will er hinterher und darf das auch zeitnah; dabei läuft er den Anfang der Strecke oft noch auf Sicht, stellt dann aber

Dieser Terrier beobachtet begeistert, wie Herrchen mit dem Fell davonläuft.

fest, dass die Person so nicht zu finden ist – er muss auf Nasenarbeit umstellen. Die Leine bleibt hier gespannt, dass Lauftempo ist relativ hoch bis zum Joggen des Menschen. Nach wenigen Metern Suche mit der Nase findet der Hund und wird belohnt. Hier wird das Orten (Spur oder Witterung von Beute verfolgen) nicht so stark angesprochen wie bei den anderen Methoden, sondern eher die Sequenz des Hetzens und – je nach Art der Belohnung – auch das Packen.

Nach und nach wird die Strecke außer Sichtweite des Hundes länger und die beobachtbare immer mehr verkürzt, bis der Hund den Start gar nicht mehr live sieht. Jetzt wird auch die Standzeit allmählich erhöht. Eindeutiger Nachteil für die jagdliche Fährtenarbeit: Der Hund gewöhnt sich einen hektischen, aufgeregten und schnellen Suchenstil an. Die Fluchtfährte kann aber eine Möglichkeit sein, auch jene Hunde für die Fährte zu begeistern, die sich ohne diese Hatz noch nicht auf Nasenarbeit im Freien konzentrieren können, da sie durch Wildgerüche viel zu stark abgelenkt sind. Natürlich sollten solche Hunde trotzdem parallel Ruhe und Entspannung auch in der Natur lernen, damit man später sinnvoll mit ihnen weiterarbeiten kann.

Aus der Fluchtfährte wird durch Erhöhung der Standzeit und zusätzlicher Verwendung von geschleppten Schwarten- bzw. Deckenfetzen oder Fährtenschuhen nach und nach eine „normale“ Schlepp- oder Fährtenschuhfährte.

ALTERNATIVEN

Im nicht-jagdlichen Bereich wird ein Lappen mit den bereits genannten Lebensmittelaromen geschleppt.

Arbeitsziel und Planung (Tagebuch)

Bevor ich überhaupt eine Fährte trete, lege ich das weitere und das heutige Arbeitsziel fest. Was soll mein Hund lernen und wie will ich das erreichen? Welches Gebiet ist geeignet, wie soll die Strecke verlaufen, wie lang soll sie sein? Ich empfehle, ein Fährtentagebuch zu führen, in das alle wichtigen Eckdaten (Länge, Standzeit, Wetter- und Windbedingungen usw.) eingetragen werden und nach der Arbeit auch eine Kommentierung mit konstruktiven Verbesserungsvorschlägen sowie Ideen für die nächste Übungseinheit. Dann kann ich bei auftretenden Schwierigkeiten rückwärtsblättern und sehen, an welcher Stelle ich vermutlich Fehler im Aufbau des Trainings gemacht habe.

Strecke und Richtung einhalten

Da ich nicht einfach irgendeine beliebige Fährte anlegen will, sondern ein klares Trainingsziel verfolge, muss ich beim Legen der Fährte natürlich auch die geplante Richtung und die gewählte Länge einhalten.

Früher kamen dazu Karte und Kompass zum Einsatz, gern in Kombination mit einem Schrittzähler – das funktioniert natürlich auch heute noch. Allerdings können Smartphones und GPS-Geräte alle diese Funktionen vereinen. Im Wald mit beschränkter Sicht ist eine dieser modernen Lösungen durchaus hilfreich, besonders wenn es sich um ein fremdes Revier handelt.

Lege ich Fährten über Felder und Wiesen, kann ich mich auch an einprägsamen Landmarken wie Kirchtürmen, besonderen Häusern, Strommasten, auffälligen Bäumen usw. orientieren. Da ich zumindest am Anfang der Ausbildung exakt wissen muss, wo genau die Fährte liegt, markiere ich ihren Verlauf regelmäßig. Dazu gibt es verschiedene Möglichkeiten, die gebräuchlichsten stelle ich hier vor.

Markierungsmöglichkeiten

Stöcke

Sie werden an die Seite eines Baumes angelehnt, an welcher die Fährte vorbeiführt. An einem Winkel stellt man zwei Stöcke in Richtung Fährtenverlauf, an Verweiserpunkten und Wundbetten sind es drei. Das funktioniert gut in etwas

a

b

„unaufgeräumten" Altholzbeständen. Bei starkem Unterwuchs oder in Verjüngungen kann aber das Material knapp werden oder der Baum zum Anlehnen fehlen. Diese Markierung ist beim Absuchen der Fährte quasi im Vorbeigehen schnell wieder entfernt – ich schubse die Stöcke einfach mit dem Fuß weg. Aber Vorsicht: Einen sehr sensiblen und oder unsicheren Hund kann das irritieren oder gar bei der Arbeit stören.

Markierung mit Stöcken: a) geradeaus, b) Winkel rechts, c) Wundbett oder Verweiser

Watte

Ich nehme einen Beutel Watte (aus der Kosmetikabteilung oder für die Autopolitur), und rupfe eine Handvoll ab. Diese ziehe ich über die raue Borke kräftiger Nadelholzstämme, sodass die Watte dort haften bleibt.

Ein Punkt für den Fährtenverlauf, zwei übereinander für ein Wundbett und drei über Eck für einen Winkel. Leider wird Watte leicht vom Wind verweht, der anhaftende Rest ist kaum sichtbar und ohne passende Nadelbäume wird es ganz schwierig.

Markierung mit Watte: a) geradeaus, b) Winkel rechts, c) Wundbett oder Verweiser

Straßenkreide für Kinder

Diese Kreide gibt es kostengünstig in Baumärkten, Spielzeugläden und vielen Supermärkten. Man hat gleich verschiedene Farben zur Auswahl und sollte mehrere Stücke mitnehmen, da Kreide gern bricht. Besonders gut sichtbar sind Kreidestriche auf älteren Buchen, die fast schon wie eine Tafel funktionieren. Rinde von Tannen und Fichten klappt auch leidlich, Borken der Nadelhölzer sind schwieriger. Hier werden die Markierungen sehr viel unauffälliger – es lohnt sich, wirklich jeden Baum, der passiert wird, zu markieren.

Schräger Strich nach links unten: Fährte geht links vorbei; Haken nach links: Winkel mit etwa der eingezeichneten Gradzahl nach links; ein X für Wundbetten und viele weitere Hinweise sind möglich.

Vorteil: Ich muss bei der Suche nichts entfernen, die Kreidemarkierung wird mit ein paar Regenschauern abgewaschen.

Nachteil: Kräftiger Regen vor dem Absuchen der Fährte – und alle Markierungen sind verschwunden.

Forstkreide hält unter solchen Umständen natürlich viel besser, aber damit eben auch sehr viel länger. Übe ich häufig im selben Gebiet, wird es bald vor Markierungen nur so wimmeln. Das sieht nicht schön aus und wird auch schnell

Markierung mit Kreide: a) geradeaus, rechts am Baum vorbei, b) Winkel rechts 3 Meter hinterm Baum, c) Wundbett oder Verweiser

unpraktisch, wenn der neue Fährtenverlauf eine alte Fährte kreuzt. Ganz nebenbei kann es bei Forstmarkierspray auch zu ungewollten Verwicklungen mit forstlichen Aktivitäten führen, wenn beispielsweise meine mit X für „Wundbett" markierte Fichte als vermeintlicher Käferbaum gefällt wird.

Forstmarkierband

Auch hier gibt es diverse Farben. Ich kann einen Farbcode wählen, z. B. rot für den Streckenverlauf, blau für Wundbetten und gelb für Winkel. Letztere kann ich aber auch durch zwei Bänder derselben Farbe ausweisen. Hängen sie links vom Baum, geht der Winkel nach links, hängen sie rechts, geht es dort weiter. Knote ich die Bändel nicht fest, sondern schlaufe sie nur über die Äste, kann ich sie im Vorbeigehen wieder mitnehmen. Reicht die Zeit dazu nicht, ist mein Hund eindeutig zu schnell unterwegs, denn auf Prüfungen und in der Praxis ist Bändeln wichtig, wie ich später noch erläutern werde. Vorteil der Bändel: je nach Farbe gut sichtbar bis eher unauffällig, wetterfest und wiederverwertbar. Obwohl sie im Forstbereich Verwendung finden, führen sie so aufgehängt eher selten zu Verwirrung.

Markierung mit Band:
a) Wundbett, b) Winkel links, c) geradeaus

Pappstücke mit Reißzwecke

Dies ist eine gute Möglichkeit, sich beim Förster unbeliebt zu machen. Die Reißzwecke sollte nur in Borke, nicht in Rinde gestochen werden. Fällt eine Markierung ab, kann sich mein Hund oder ein anderes Tier die Zwecke in die Pfote treten. Und ich persönlich habe auch wenig Spaß, wenn ich zum Schluss – mit womöglich kalten, klammen Fingern – diese kleinen, spitzen Dinger wieder aus der Borke entfernen muss. Sie einfach im Baum stecken zu lassen, ist definitiv keine Option!

ALTERNATIVEN

Im urbanen Bereich muss ich mit der Neugier und dem Witz meiner Mitmenschen rechnen. Jegliche Markierung, die schnell mitgenommen, an anderer Stelle wieder aufgestellt oder hingehängt werden kann, taugt nicht. Dauerhafte Farbmarkierungen verbieten sich von selbst. So bleibt die Straßenkreide als geeignetes Mittel der Wahl. Allerdings bin ich im Siedlungsbereich nicht so sehr auf Markierungen angewiesen wie in der Natur: Den Verlauf kann ich mir auch anhand von Straßennamen merken.

Den Hund lesen

Fährtenarbeit ist Teamarbeit. Es reicht nicht aus, dem Hund Übungsaufgaben zu stellen und dann zu hoffen, dass er schon alles richtig machen und verknüpfen wird, indem ich ihm einfach hinterhergehe. Das führt recht zuverlässig zu groben Fehlern im Aufbau, die später wieder mühsam ausgebügelt werden müssen. Ich sollte meinen Hund bereits im Training lesen können, damit ich erkenne, was er gerade tut. Will er die Fährte vorwärtsbringen oder ist er mit anderen Gerüchen beschäftigt? Kann ich ihn also loben oder müsste ich ihn korrigieren? Kommt er mit der Aufgabe gut klar oder wirkt er überfordert? Kann ich demnach in diesem Schwierigkeitsgrad weiter arbeiten oder sollte ich beim nächsten Mal etwas Leichteres anbieten? Spätestens bei einem mir unbekannten Fährtenverlauf bin ich darauf angewiesen, den Hund richtig interpretieren zu können.

Doch wie „lese" ich eigentlich einen Hund, noch dazu fast ausschließlich von hinten? Es gibt zum einen typische Verhaltensweisen, die fast alle Hunde bei der Spurensuche zeigen. Zum anderen sind da jene Signale, die mein eigener Hund individuell zeigt. Je besser ich den Hund lesen kann, desto differenzierter kann ich ihn ausbilden und führen.

Kopfpendeln

Schon bei der Verfolgung einer Schleppspur sieht man bei den allermeisten Hunden eine ganz sachte Pendelbewegung mit dem Kopf: Die Nase bewegt sich ganz minimal von rechts nach links und zurück. Ein feinnasiger, konzentrierter Sucher, der sein Tempo den eigenen Fähigkeiten und Gegebenheiten anpasst, zeigt hier eine kleinere Amplitude als der hektische und womöglich unkonzentrierte Kollege.

Sobald es sich nicht um eine Schleppe, sondern um eine Trittspur mit Fußabdrücken und verwehtem Individualgeruch handelt, werden die Pendelbewegungen weiter. Der Hund hangelt sich damit von einem intensiven Geruchsbereich zum nächsten. Eine ruhige, gleichmäßige Pendelbewegung mit dem Kopf oder auch auf engem Bereich (ca. 50 cm) mit dem ganzen Körper ist also ein gutes Zeichen dafür, dass mein Hund gerade durchgängig einer bestimmten Fährte folgt. Liegt die Fährte auf Asphalt (oder ähnlich kompaktem Untergrund) und besteht sie nur aus Individualwitterung, werden die Ausschläge zur Seite weiter. Dann sind mehrere bis viele Meter möglich. Das ist in diesem Fall völlig akzeptabel – schließlich weiß ich nicht, wie weit der Geruch durch Luftströmungen weggetragen wurde.

Auf natürlichem Grund geschieht dieses Vertragen der Individualwitterung zwar auch, es existiert aber zusätzlich die Bodenverwundung, die auf kürzestem Weg zum Ziel führt. Pendelt mein Hund hier um mehrere Meter oder weiter, unterstelle ich, dass er nicht wirklich motiviert ist und nebenher noch alle möglichen anderen Gerüche scannt. Ich muss mich also fragen, was die Ursache hierfür ist. Biete ich vielleicht keine passende Belohnung oder ist die Aufgabe zu simpel und er langweilt sich?

Die Fährte führt genau an der Kante entlang. Hier erkennt man deutlich, wie der Hund hin und her pendelt.

Bögeln und Kreisen

Selbst wenn der Hund einen den Bedingungen angepassten Suchstil pflegt, kann es vorkommen, dass er die Fährte für einen kurzen Moment verliert. Sei es, weil er kurz abgelenkt war und sich nun das Geruchsbild verändert hat (z.B. bei einem Wechsel der Bodenbeschaffenheit) oder weil das verfolgte Wild einen großen Sprung gemacht hat. Jetzt hilft ihm das Pendeln allein nicht weiter, er muss anderweitig zurück zur Fährte finden.

Ein entsprechend veranlagter oder geübter Hund wird nun einen Bogen nach vorn oder rückwärts schlagen und so wieder auf die Fährte stoßen. Weniger geübte oder veranlagte Kandidaten laufen den Bogen aber nicht weit genug, setzen dann von neuem mit einem größeren Bogen an und kommen so immer weiter von der Fährte weg. Damit stochern sie irgendwann nur noch hilflos im Nebel. Mit etwas Glück finden sie trotzdem zeitnah zurück zur Fährte – andernfalls baut sich großer Frust mit all seinen Folgen auf. Ich kann nun darauf hoffen, dass mein Hund das erfolgreiche Bögeln durch die gesammelten Erfahrungen eigenständig lernt – ich kann ihn dabei aber auch unterstützen.

Kommt mein junger Hund, dem ich sowieso nur drei bis vier Meter Riemen gebe, von der Fährte ab, verlangsame ich das Tempo. So geraten wir nicht zu schnell zu weit von der Fährte weg. Schlägt er eigenständig den Bogen wieder Richtung Fährte, lobe ich ihn, sobald er diese wieder anfällt. Läuft er Gefahr, zu weit seitlich abzukommen, gehe ich langsam rückwärts und ziehe ihn sachte (!) am Riemen mit. So kommt er automatisch wieder Richtung Fährte und macht die Erfahrung, dass er diese über den Bogen zurück schnell und sicher wiederfinden kann. Jetzt versuchen wir, die schwierige Stelle etwas langsamer anzugehen und im Regelfall klappt es dann auch.

Bögeln ermöglicht also das Wiederfinden der Fährte im relativen Nahbereich von ungefähr 1,5 bis 3 Meter. Diese Technik sollte mein Hund beherrschen, bevor ich ihn mit richtigen Fährtenabrissen konfrontiere.

Reißt die Fährte jedoch über mehrere Meter ab, bedarf es einer anderen Technik. Jetzt muss der Hund kreisen, quasi bögeln mit größerem Radius. Auch hier gibt es Exemplare, die dieses Verhalten als Anlage mitbringen und andere, die es erst einmal lernen müssen. Schafft es der Hund nicht, nach einem Abriss zum weiterführenden Fährtenstück zu finden, sondern bögelt nur rückwärts und versucht es nicht nach vorn, gehe ich mit ihm in größer werdenden Kreisen um diesen Abrisspunkt, bis er wieder Anschluss findet. Haben wir das ein paar Mal gemeinsam gemacht, wird mein Hund dieses Verhalten zunehmend auch von allein zeigen, um derartige Probleme zu lösen.

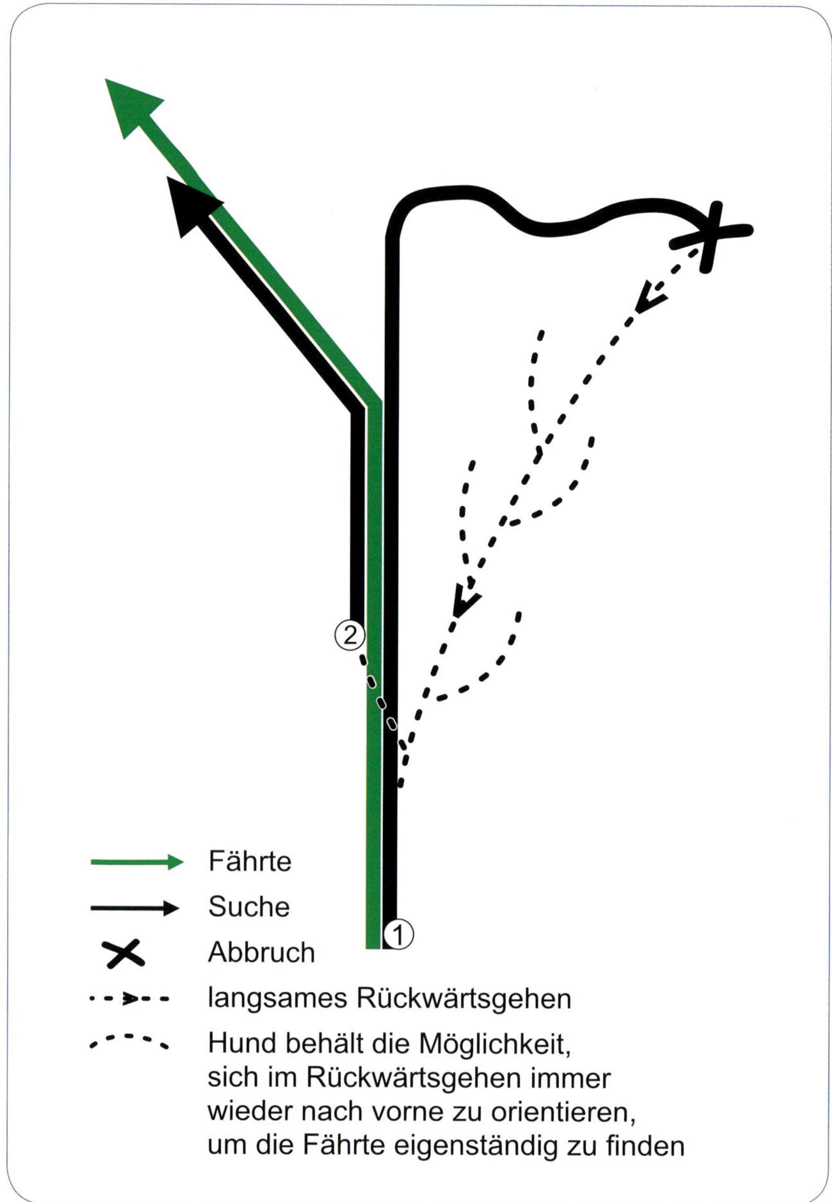

So kann man den Hund durch langsames Rückwärtsgehen wieder in Fährtennähe bringen.

Pendelt, bögelt oder kreist mein Hund, ist alles im grünen Bereich, solange er sich noch auf der Ansatzfährte befindet beziehungsweise diese so wiederfindet: Er zeigt die gewünschte Eigenkorrektur.

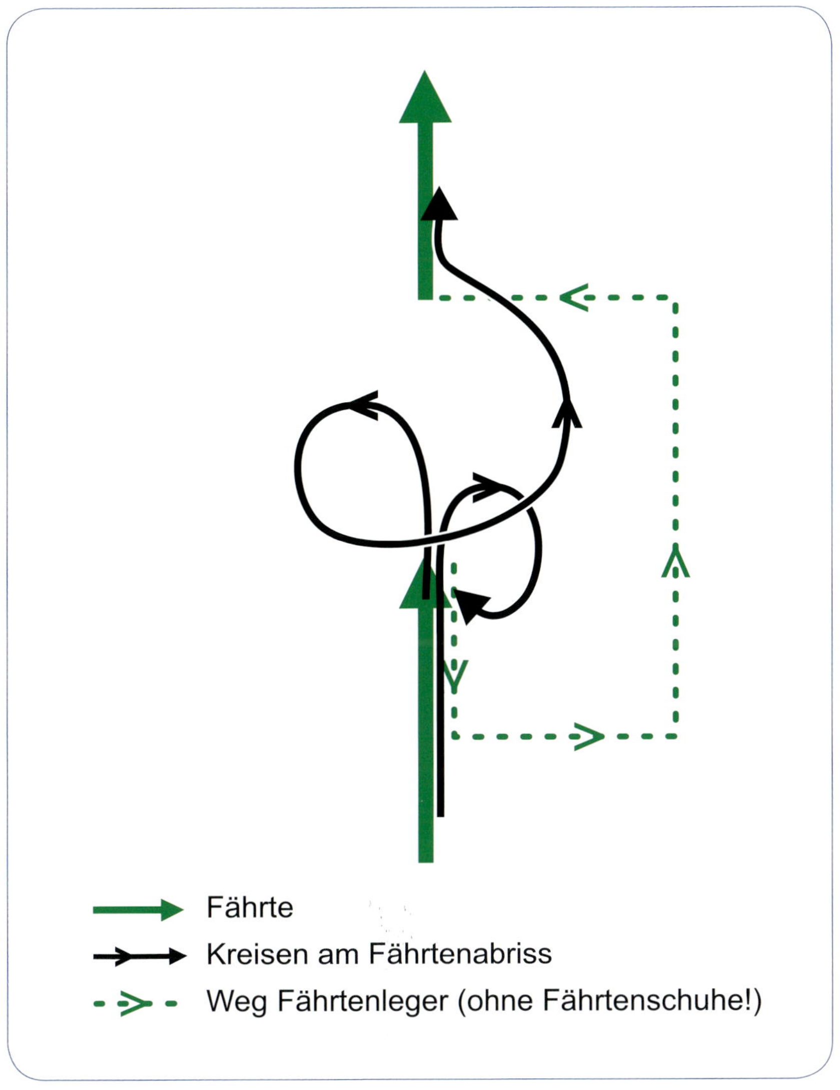

Kreisen am Fährtenabriss

Gründe für einen Stopp

Bleibt der Hund in der Suche plötzlich stehen, hat irgendetwas seine Aufmerksamkeit erregt oder ihn aus dem Konzept gebracht. War es nur eine Kleinigkeit – eine Maus, die in ihr Loch verschwand, ein auffliegender Vogel oder ein ungewohntes Geräusch –, wird der Hund kurz innehalten, dann aber die Arbeit sofort wieder aufnehmen. Verharrt er länger, hat ihn etwas deutlich mehr irritiert. Meist nimmt er dann auch die Nase aus der Fährte, schaut sich um, lauscht, sichert.

Hier kann ich helfen, indem ich ihm mitteile, dass alles in Ordnung ist. Habe ich ihn davon überzeugt, wird er die Fährte wieder aufnehmen. Bleibt mein Hund jedoch ruckartig und wie angewurzelt stehen, wirft er den Kopf plötzlich auf und nimmt gespannt Witterung mit hoher Nase auf, so hat er irgendetwas bemerkt, was extrem spannend für ihn ist. Dabei kann es sich um irgendwelches Wild in Fährtennähe handeln, aber auch Pilzsammler mitten im Wald oder andere für die Umgebung ungewöhnliche Dinge.

Im Rahmen einer echten Nachsuche rechne ich bei diesem Verhalten jedoch mit dem gesuchten Stück relativ nah vor uns im Wundbett, vielleicht ist es auch gerade daraus geflohen oder hat sich erhoben, um uns zu empfangen.

Dieser junge Hund wurde von Verkehrsgeräuschen irritiert.

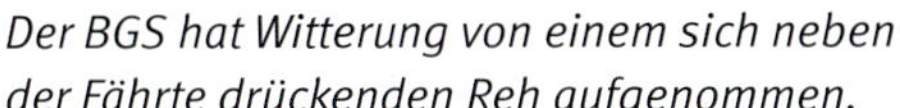

Der BGS hat Witterung von einem sich neben der Fährte drückenden Reh aufgenommen.

Die Bracke verweist Schweiß an einem Brombeerblatt.

Bleibt der Hund stehen und untersucht eine bestimmte Stelle ausführlich mit seiner Nase, hat er meist etwas gefunden, das zur Fährte gehört. Das kann ein von mir absichtlich ausgelegter Verweiserbrocken sein, aber auch zufällig verlorene Haare vom Lauf im Fährtenschuh oder vom Fährtenleger berührte Dinge (Bändel oder Äste zur Markierung des Fährtenverlaufs). Bei einer echten Suche hat er womöglich abgestreiften Schweiß an Blättern oder Ästen, Knochensplitter, Losung oder Ähnliches entdeckt. Wenn ich nicht nur zur Auslastung des Hundes übe oder um ausschließlich sichere Totsuchen zu absolvieren, sollte ich dieses eigenständig gezeigte Verweisen unbedingt loben und auch gezielt weiter üben (siehe Kapitel Verweisen S. 113ff.).

Dieser Hund fragt bei seinem Menschen nach, ob es hier wirklich weitergeht.

Es kann auch vorkommen, dass der Hund nicht nur stehen bleibt, sondern sich mit dem Kopf oder auch dem ganzen Körper zu mir wendet. Dieses Anschauen ist immer eine klare Anfrage zur Kommunikation: Er möchte etwas von mir. Hier muss ich seinen Ausdruck richtig deuten. Ist er verunsichert, braucht er den Zuspruch, dass alles in Ordnung ist und er sicher weiterarbeiten kann? Möchte er mir etwas zeigen – den Verweiser oder das Stück vor ihm? Braucht er Unterstützung, weil er ein Hindernis nicht allein überwinden kann? Hat er die Fährte verloren oder sich von etwas verleiten lassen, weiß nun nicht weiter und sucht Hilfe?

Hier reagiere ich situationsbedingt – selbst wenn ich ihm nur signalisieren kann, dass ich leider auch nicht weiß, wo die Fährte ist und er sich doch bitte selbst bemühen muss. Auf keinen Fall aber lasse ich meinen Hund ohne Antwort stehen, wenn er sich an mich wendet.

Individuelle Merkmale

Ich muss nicht nur die allgemeinen Verhaltensweisen, die Hunde auf der Fährte zeigen, kennen, sondern ich muss meinen Hund auch in seiner individuellen Ausdrucksweise lesen können. Das klappt allerdings nur, wenn ich ihn sehr häufig beim Suchen beobachten kann. Das intensive und zeitaufwändige Training eines Nachsuchenhundes ist also nicht nur notwendig, damit der Hund allumfassend ausgebildet ist, sondern es dient auch dazu, ihn bis ins kleinste Detail kennenzulernen. Wenn ich unbekannte Fährten erfolgreich mit meinem Hund meistern will – und das nicht nur zufällig, sondern mit wiederholbarem Erfolg – und wenn ich gar in den erschwerten Einsatz gehen möchte, muss ich „jedes Haar am Hintern meines Hundes mit Namen kennen“, wie mir der Diensthundeführer eines Personenspürhundes einmal sagte.

Wer bei der Fährtenarbeit erfolgreich sein will, muss seinen Hund besonders von hinten genau lesen können.

Dazu muss ich folgende Fragen zuverlässig beantworten können:

- Wie sieht mein Hund aus, wenn er die korrekte Fährte arbeitet?
- Wie sieht mein Hund aus, wenn er die korrekte Fährte verloren hat, sie aber sucht?
- Wie sieht mein Hund aus, wenn er die korrekte Fährte verloren hat, sie jedoch nicht sucht?
- Wie sieht mein Hund aus, wenn er eine Verleitung annimmt, und wie, wenn er ihr schon länger folgt?
- Wie sieht mein Hund aus, wenn er eine Verleitung angenommen, diese jetzt aber wieder verlassen hat?

Hier versuche ich, mir so viele Parameter wie möglich einzuprägen. Oft hilft dabei, die Arbeit zu filmen und dann mehrfach in Ruhe daheim anzusehen. Auch Außenstehende beobachten häufig mehr als ich selbst. Bei manchen Hunden sind die Unterschiede sehr markant, bei anderen ganz subtil. Manche verändern ihre komplette Körperhaltung, andere nur die Haltung oder Bewegung eines Körperteils um wenige Nuancen.

Wie hält er den Kopf: tief, halbhoch, hoch? Wie hält er die Ohren? Wie sieht die Rute aus? Trägt er sie erhoben oder tief, hängt sie ruhig oder wird sie bewegt? Bewegt er sie gleichmäßig hin und her oder lässt er sie kreisen? Zuckt vielleicht nur die Rutenspitze in bestimmten Situationen? Ändert sich die Körperspannung? Liegt mein Hund stärker oder schwächer im Riemen? Zeigt er Konfliktverhalten wie Schütteln, Züngeln oder Gähnen? Ändert er seine Gangart? Werden seine Bewegungen weicher oder steifer? Ändert sich die Atmung, kann ich plötzlich Schnüffelgeräusche hören oder nicht mehr hören? Ist er leichter oder schwerer ansprechbar?

Ein paar Beispiele aus der Praxis:
Brandlbracke Aura konnte sich nach ihrer ersten Drückjagdsaison nicht mehr so richtig für Kunstfährten begeistern und nahm gern frische Verleitungen an. Am Suchverhalten änderte sich nichts oder ich habe den entscheidenden Punkt nie gefunden. Dankenswerterweise hatte sie aber die verlässliche Angewohnheit, sich nach spätestens 10 Meter auf einer Verleitung zu schütteln. Für mich der Hinweis: Da stimmt etwas nicht – den Hund stoppen und zurückgreifen. Ohne dieses Verhalten hätten wir vermutlich nie eine Prüfung bestanden. In der Praxis ist Aura für Verleitungen nicht anfällig, dann wird aber ihre Primärmotivation bedient und sie will um jeden Preis finden.

Das Schütteln ist bei diesem Hund ein Zeichen dafür, dass er auf einer Verleitung ist.

Vizsla Csillag war ebenfalls auf Kunstfährte nicht verleitungsresistent und lief – ähnlich wie Aura – in scheinbar unveränderter Manier einfach weiter. Doch auch ihn konnten wir nach einiger Zeit enttarnen. Bevor Csillag die Fährte verließ, nahm er nochmal eine tiefe Nase voll davon und drehte dann den Kopf ganz bewusst aus der Fährte. Wenn man es denn wusste, war das ganz offensichtlich. Direkt im Anschluss suchte er – fast schon zu betont – wieder konzentriert und langsam weiter. Nur eben nicht mehr die vorgegebene Fährte.

Bei Brandlbracke Carl schwingt die hängende Rute auf Kunstfährten in kleinen, auf echten Krankfährten in größeren Kreisen, wenn er sich „festgesaugt" hat. Plötzlicher Stillstand ist genauso verdächtig wie plötzliches Wedeln. Der Stillstand der Rute bedeutet, er hat etwas Faszinierendes abseits der Kunstfährte ausgemacht. Das Wedeln in der Pendelbewegung tritt auf, wenn er die verlorene Fährte sucht.

Wie oft soll man trainieren?

Auch diese Frage beantwortet mein Hund durch sein Verhalten. Solange er sich offensichtlich auf die anstehende Arbeit freut und sie mit Begeisterung ausführt, ist mein Angebot weder überfordernd noch langweilig. Sicherlich sind es jedoch nur die Ausnahme-Athleten, welchen ich täglich anstrengende Suchen abverlangen kann, ohne dass diese ihren Reiz verlieren.

Beim Welpen steige ich mit einer ganz kleinen Aufgabe täglich ein. Je länger und schwieriger die Fährten werden, desto weniger Suchen gibt es für die Hunde. Das hängt natürlich auch von der Motivation ab. Wie lohnenswert ist es für diesen Hund, seine Nase zu gebrauchen? Einmal pro Woche Training ist jedoch das Minimum, wenn ich ein höheres Niveau erreichen will. Denn wie bereits erwähnt, bin ich es, die lernen muss – bei jedem Hund von neuem. Stelle ich mehrere Aufgaben in der Woche, sind die Schwierigkeitsgrade leichter und/oder die Strecken kürzer. Erweckt mein Hund den Eindruck, dass er die Lust am Suchen verliert, legen wir eine Pause von zwei bis drei Wochen ein.

Besonders in der Zeit der Pubertät und der Adoleszenz verlieren viele Hunde vorübergehend die Lust an ihrem Job oder wirken so, als hätten sie über Nacht alles verlernt. Das ist dann dem derzeit herrschenden Hormonchaos in ihrem Körper und den Umbauprozessen in ihrem Hirn geschuldet und vergeht von selbst. Es ist niemals ein Grund, grob oder unfair zum Hund zu werden!

Grundlagen für das Training

Die Ausrüstung

Nicht nur zum Legen der Fährte, sondern auch zum Absuchen wird die passende Ausrüstung benötig. Im Folgenden stelle ich das Equipment mit allen (aus meiner Sicht) vorhandenen Vorzügen und Nachteilen vor.

Schweißhalsung

Traditionell wird der Hund zur Nachsuche an einer Schweißhalsung geführt. Das ist ein breites, festes, geradezu steifes Lederhalsband mit einem Drehwirbel, an dem der Riemen eingeschnallt wird. Eine solche Verbindung klappert oder klirrt nicht und zum Schnallen bei anstehender Hatz wird die Halsung dem Hund einfach über den Kopf abgezogen.

Inzwischen gibt es Schweißhalsungen aller Art aus diversen Materialien zu kaufen – leider ist einiges davon weniger geeignet. Eine gute Halsung ist breit, damit sie den Druck auf die Halswirbel bzw. Luftröhre und Blutversorgung des Kopfes gut verteilt. Sie muss zudem fest und steif sein, damit sie ihre runde Form auch bei Zug am Riemen behält. Ansonsten verformt sie sich und drückt trotz (vermeintlicher) Breite. In Studien wurde nachgewiesen, dass dauerhafter Zug am Halsband den Augeninnendruck ansteigen lässt sowie die Wahrscheinlichkeit von

Es gibt viele verschiedene geeignete Halsungen.

Erkrankungen der Schilddrüse und der Halswirbelsäule erhöht. Daher empfehle ich die Schweißhalsung nur für sehr ruhige Sucher, die am hängenden Riemen arbeiten.

So ein Norwegergeschirr ist nur für langsam arbeitende Hunde geeignet.

Geschirr

Seit einigen Jahren werden auch Geschirre für die Schweißarbeit genutzt. Es gibt zwei grundsätzlich verschiedene Arten: das sogenannte Norweger-Modell (mit oder ohne Sattel) und das schlichte Führgeschirr in ganz unterschiedlichen Ausführungen. Beim Norweger muss ich nur eine Schnalle öffnen und kann dann das Geschirr bequem über den Hundekopf abstreifen. Das geht schnell und einfach, selbst wenn der Hund klobige Ortungssysteme am Hals trägt, da dieses Modell einen sehr großen Halsausschnitt hat. Ein immenser Nachteil ist jedoch der vor der Brust verlaufende Gurt, der bei Zug den Druck aufnimmt. Er schränkt schon ohne Zug die freie Bewegung der Schulter und des Oberarms ein, mit Zug kommt noch zusätzlich Druck auf das Schultergelenk (oder bei höherem Sitz auf den Hals) und die Schulterblätter werden zusammengedrückt. Beides kann zu Schäden am Bewegungsapparat führen, die vermeidbar wären. Daher sind Norweger – wenn überhaupt – aus meiner Sicht nur für Hunde geeignet, die langsam am hängenden Riemen arbeiten.

Bei einem gut sitzenden Führgeschirr hingegen verteilt sich der durch Zug am Riemen entstehende Druck auf das Brustbein. Die Schultern sind hier in der Bewegung frei und auch auf den Hals wirken keine Kräfte ein, wenn der Ausschnitt dafür groß genug ist. Natürlich kann der Hund jetzt viel mehr Kraft aufbringen und ist eventuell noch schwerer festzuhalten, aber das Suchverhalten kann ich durch Training, wie im Folgenden beschrieben wird, beeinflussen.

Nachteil beim Führgeschirr: Wenn es nur Schnallen am Bauchgurt hat, muss der relativ enge Halsteil über den Kopf gezogen werden. Das wird schwierig, wenn der Hund ein Ortungsgerät trägt. Daher sollte ein solches Geschirr auch

Schlagschutzweste und Führgeschirr mit Halsschnalle sind die „Arbeitskleidung" von diesem BGS.

eine Schnalle am Halsteil haben, wie z. B. das der Firma Niggeloh®. Aber auch viele Nähstuben für Hundeartikel fertigen auf Wunsch nach Maß ein Geschirr an, inklusive gewünschter Schnallen und Wirbel zum Einschnallen des Riemens. Bei der Verwendung von Geschirren ohne Drehwirbel muss dann die Leine mit einem Karabiner versehen sein. Trotzdem wird dem Hund im Falle einer Hatz das Geschirr ausgezogen!

Riemen (Leine)

Früher waren flache oder runde Lederriemen von 10 bis 12 Meter Länge üblich, möglichst aus einem Stück geschnitten. Diese funktionieren natürlich auch heute noch, müssen aber regelmäßig gut gepflegt werden – ganz besonders, wenn sie nass geworden sind. In diesem Zustand sind sie auch sehr glitschig und ein weiterer Nachteil ist die schlechte Sichtbarkeit auf Waldboden und bei wenig Licht.

Heute sind überwiegend bunte Kunstfasern oder mit Kunststoff ummantelte Kunstfasern (Biothane®) im Einsatz, da sie einfach zu reinigen und durch ihre leuchtenden Farben gut zu sehen sind. Wichtig ist, dass das verwendete Material leicht an Bäumen und Büschen entlangstreift, sich nicht in Geäst oder Dornen verhängt und dabei so steif ist, dass sich das Ende des nachlaufenden Riemens nirgends herumwickeln kann.

Diese Leinen sind geeignet für die Fährtenarbeit.

Die Breite und das Gewicht sollten an den Hund angepasst sein. Eine Länge zwischen 10 und 15 Meter ist am besten geeignet, da dann genügend Länge zum Umgreifen vorhanden ist (siehe Riemenhandling S. 63ff.). Die letzten 2 bis 3 Meter des Riemens sollten entweder eine andere Farbe haben oder durch eine eingestanzte Niete angekündigt werden, die ich spüre, wenn der Riemen durch die Hand gleitet.

Sicherheit für Hund und Hundeführer

Das Team sollte auch im Training gut zu sehen sein – vor allem, wenn der Streckenverlauf entlang von oder über befahrene Wege und Straßen führt. Das gilt natürlich für Übungen im urbanen Bereich ganz besonders. Eine Warnweste aus dem Auto für den Hundeführer und eine breite, reflektierende Signalhalsung für den Hund sind ein guter Anfang.

Sicherheitsweste und -halsung wie bei diesem Mantrailer-Team sind besonders in der Nähe befahrener Straßen und Wege wichtig.

Handschuhe

Handschuhe sind absolut empfehlenswert. Spätestens in der Praxis brauche ich sie, weil ich nicht weiß, ob die Fährte durch Dornen und Brennnesseln führen wird. Außerdem schützen sie vor Brandblasen, wenn mein Hund unvermittelt in den Riemen prellen sollte. Welche Ausführung am besten geeignet ist, muss individuell ausprobiert werden.

Schuhwerk

Gute Schuhe sind wichtig. Das klingt banal, aber für den lernenden Hund kann es sehr irritierend sein, wenn sein Mensch nicht trittsicher ist, weil er immer wieder um sein Gleichgewicht kämpfen muss. Auch das zügige Folgen ist dem Hundeführer nur möglich, wenn das gewählte Schuhwerk zum Untergrund oder Bewuchs passt.

Wasser

Sobald die Fährten länger werden, führe ich Wasser für meinen Hund mit. Ein halber Liter sollte es mindestens sein. Die Flasche kann in einem Rucksack verstaut werden oder man nutzt Trinkflaschen aus dem Trekkingbereich. Diese hängen an einer Gürtelschlaufe oder stecken in einem dafür passenden Bauchgurt.

Der Hund sollte auch beim Training die komplette Ausrüstung tragen.

Hohe Temperaturen und/oder sehr niedrige Luftfeuchtigkeit können den Hund schnell durstig machen. Dasselbe gilt für die Kombination aus frühlingshaftem Spätwintertag und Winterfell. Hunde, die im Freien gehalten werden, sind davon noch stärker betroffen als Hunde aus Wohnungshaltung.

Durch die spezielle Ausrüstung für Zwei- und Vierbeiner, die bei jedem Training zum Einsatz kommt, hat der Hund schon einen klaren Hinweis, welche Arbeit gleich gefragt sein wird. Ich persönlich ziehe meinem Hund zum Üben genau die Ausrüstung an, die er später auch im Einsatz tragen wird. Einzige Ausnahme bildet die Schlagschutzweste, die ihn bei realen Einsätzen vor Verletzungen durch Schwarzwild schützt. Diese ersetze ich im Training durch eine leichte Warnweste, und zwar schon von Welpenbeinen an. Habe ich deutlich unterschiedliche Rituale für die einzelnen Einsatzgebiete eines Hundes, wird er seine jeweilige Aufgabe schnell klar erkennen. Beim Spezialisten kann ich diesbezüglich auch etwas schludern.

Das richtige Riemenhandling

Schweißarbeit ist Riemenarbeit. Nun haben Hunde leider keine Vorstellung von Physik und Mechanik. Mein Hund will im Optimalfall suchen und das mit aller Kraft und Macht. Dass er sich selbst behindert, wenn er Bäume mit der langen Leine umkreist oder sich mit ihr im dichten Bewuchs einwebt, ist ihm unbegreiflich. Aus seiner Sicht liefe die Suche ohne diesen lästigen Riemen sowieso deutlich flüssiger. Nur hätte ich dann kaum eine Möglichkeit, noch irgendwie bremsend oder lenkend (im Sinne von anleitend) einzugreifen und würde bald ohne Hund dastehen.

Da also eigentlich ich dieses Hilfsmittel zur dauerhaften Verbindung brauche, bin ich auch dafür verantwortlich, dass es den Hund möglichst wenig bei seiner Aufgabe stört. Dazu gehört an erster Stelle, dass ich den Riemen in der Natur glatt ausgelegt laufen lasse. Nur wenn ich über Fahrbahnen wechsle, nehme ich den hinter mir befindlichen Anteil in Schlaufen in die Hand, damit dieser Teil nicht in den fließenden Verkehr gerät. Solche Schlaufen verhängen sich jedoch im Unterholz. Das Team muss dann ständig stoppen, damit alles wieder sortiert wird. Der Hund wird dabei unnötig aus seinem Arbeitsrhythmus gebracht.

Anders sieht es aus, wenn ich Suchaufgaben im städtischen Bereich stelle – hier sollte der Riemen bereits zwischen mir und dem Hund etwas kürzer gehalten und das hintere Ende grundsätzlich in Schlaufen mitgeführt werden.

So erfolgt das Umgreifen am Baum.

Der Riemen bleibt in der Hand, immer! Im schlimmsten Fall sprintet der Hund mit lose schleifendem Riemen hinter plötzlich auftauchendem Wild (im urbanen Gebiet eher Katzen) her. Ich kann das bisschen Leine, das noch an mir vorbeizischt, nicht fassen und er verschwindet im Wald und verhängt sich dort (oder schafft es bis auf eine Straße). Bei einem realen Einsatz hinter Schwarzwild kann es sogar lebensgefährlich werden, wenn der Hund sich beim Stellen verheddert.

Ich muss also immer eine Sicherheitsreserve an Riemen hinter mir haben. Diese kann ich nutzen, wenn der Hund zum Beispiel ein Hindernis so umläuft, dass ich nur schlecht folgen kann. Ich gehe schnell auf die andere Seite, lasse dabei die letzten Meter bewusst durch meine Hand gleiten, greife weiter vorn wieder in den Riemen und lasse dann erst das Ende los.

Wer nicht sonderlich geschickt oder geübt im Umgang mit langen Leinen ist, nimmt sich einen Kollegen als Hundeersatz. Gemeinsam wird geübt, wie auf verschiedenen Seiten eines Baumes vorbeizugehen ist, ohne dass der Riemen losgelassen oder der „Hund“ unnötig gestoppt wird. Zudem muss ich einen Blick dafür entwickeln, wann sich der Riemen um ein Hindernis festzuziehen droht und entsprechend frühzeitig eingreifen.

Dieses Handling kann durchaus anspruchsvoll werden, wenn mein Hund in dichterem Bewuchs kreist. Im Zweifel stoppe ich den Hund, löse den Riemen, lege ihn so auf den Boden, dass er wieder glatt ausläuft, und lasse den Hund dann erst wieder ansuchen. Bei niedrigen Hindernissen bitte nicht versuchen, den Riemen wie beim Seilspringen über dieses zu werfen. Das ist bei nicht absolut riemenfesten Hunden keine gute Idee, da es zu einem kräftigen Ruck am Halsband oder Geschirr kommen kann oder die Leine dem Hund unangenehm auf den Körper schlägt.

Riemenlänge

Wie viel Riemenlänge ich von den vorhandenen Metern gebe, hängt vom aktuellen Suchverhalten des Hundes und der Umgebung ab. Der junge Hund, der noch gar nicht sicher vorwärts geht, häufig von der Fährte fällt und sie dann nur schwer wiederfindet, erhält wenig Spielraum: 3 bis maximal 4 Meter reichen völlig. Es nutzt seiner Ausbildung nichts, wenn er 10 Meter weit abseits der Fährte immer verzweifelter kreist. Je sicherer der Hund sucht, desto mehr Riemen lasse ich ihm, damit er genügend Raum hat und sich nicht von mir bedrängt fühlt.

Das andere Kriterium für die Riemenlänge ist der Bewuchs. Je dichter dieser im Suchengebiet ist, desto kürzer nehme ich den Riemen. Auf diese Weise habe ich noch ausreichend Material hinter mir, um mir selbst einen Weg durchs Gebüsch zu suchen, dem Hund die nötige Länge zu lassen und dann umzugreifen.

Korrektur über den Riemen

Viele Hundeführer strafen ihren Hund über Leinenrucke. Das ist allgemein schon nicht empfehlenswert, da der Gesundheit nicht förderlich und meist didaktisch sowieso nicht sinnvoll. Bei einem Hund, der Riemenarbeit im Unterholz leisten soll, ist der strafende Leinenruck aber besonders kontraproduktiv. Wie beschrieben, kann sich der Riemen unterwegs verhängen. Das führt automatisch zu einem Ruck am Halsband oder Geschirr, völlig unabhängig davon, ob der Hund gerade korrekt oder fehlerhaft gearbeitet hat. Sensible Hunde, die womöglich noch nicht den echten Spaß an dieser Tätigkeit gefunden haben, kann das allein schon aus der Fassung bringen. Wenn sie den Ruck dann auch noch aus Vorerfahrung als Strafe werten, ist die Arbeit gänzlich gefährdet.

Der Hund soll beim Fährtentraining finden wollen und darf nicht die Nerven verlieren, wenn er die Fährte verloren haben sollte. Er muss sich unabhängig von mir durchkämpfen, denn spätestens auf nicht markierten Fremdfährten kann ich, mangels Kenntnis über den genauen Verlauf, nahezu nicht einwirken oder

Diese erfahrene 13-jährige Bracke könnte auch ohne Riemen suchen.

helfen. Habe ich meinen Hund häufig genug durch Leinenrucke verunsichert, wird er unter Umständen die Arbeit einstellen, sobald er sich im Unterholz verhängt hat – das wird sicher keine waidgerechte Nachsuche werden.

Sonderfall: die freie Suche

Es gibt Nachsuchenführer, die ihre Hunde frei und ohne Riemen arbeiten lassen. Das ist ein Ausnahmefall für besonders gut eingespielte Teams, denn auch wenn die Leine fehlt, trägt der Hund die Schweißhalsung und achtet darauf, nicht weiter als etwa 15 Meter vor dem Hundeführer zu arbeiten. Dieser Hund muss über eine enorme Impulskontrolle verfügen, damit er im realen Einsatz nicht einfach durchstartet, wenn das kranke Stück vor dem Gespann zieht oder aus dem Wundbett flüchtet.

Im Schweißarbeitsalltag ist es sicherer und einfacher, wenn der Hund wie üblich am Riemen geführt wird. Die wenigen Schweißspezialisten, die ihren Hund frei vor sich suchen lassen, sind nicht irgendwie „cooler“ oder haben den Hang zum Besonderen – sie arbeiten in der Regel in gefährlichem Terrain. In den Alpen beispielsweise kann die Arbeit am Riemen extrem riskant sein. Verhängt sich dieser zwischen Felsbrocken, reicht ein Zug vom Hund zur falschen Zeit und sein Mensch verliert den Halt. Die freie Suche ist also nicht zu verwechseln mit der Unsitte, einen Hund direkt am Anschuss zu schnallen.

In einem solchen Steilhang muss der Hund am Riemen verlässlich ruhig und langsam arbeiten.

Training mit dem Hund

Aufbauend auf den bisherigen Informationen widmen wir uns nun dem Training mit dem Hund. Wie bereits geschildert, lohnt sich ein gründlich geplantes Training. So kann mein Hund seine Aufgaben erfolgreich lösen und motiviert bei der Sache sein. Ein grob abgesteckter Masterplan und mein Fährtentagebuch, in welchem ich Details festhalte, sind das Werkzeug dazu.

Zunächst muss mein Hund riemenfest sein, ein nachschleifendes Band darf ihn nicht irritieren. Neben der Neugier, etwas Unbekanntes mit seinem Hauptsinnesorgan Nase zu erkunden, spielt die Motivation des Hundes die größte Rolle. Ich muss definitiv wissen, was ihn dazu bringen wird, die gestellten Suchaufgaben mit Begeisterung zu lösen.

Nun biete ich ihm die erste Arbeit an und erhalte damit einen Eindruck von seinem Suchverhalten und eine Rückmeldung über seine Motivationslage. Das weitere Training wird entsprechend gestaltet, um den gewünschten ruhigen, konzentrierten und fokussierten Suchstil zu erreichen.

Im ersten Trainingsblock schaffe ich die Grundlagen. Die Strecken werden verlängert, damit der Hund Suchausdauer aufbaut, die Standzeit wird erhöht, die Form leicht variiert, er lernt unterschiedliches Gelände kennen und gewöhnt sich an alle Wetterlagen. Das alles wird jedoch nicht strikt nacheinander abgehakt, sondern gemischt: lange Suchstrecke mit kurzer Standzeit, kürzere Strecke mit längerer Standzeit (und umgekehrt), mal in bekanntem, mal in unbekanntem Gelände. Dabei werden selbstverständlich alle gegebenen Wetterlagen genutzt – auch die weniger angenehmen.

Im zweiten Block der Hundeausbildung kreiere ich immer schwieriger werdende Aufgaben. Besonders bewährt hat sich hier, einzelne Schwierigkeitsgrade in Themenschwerpunkten zu trainieren, von Borngräber als „Stationsausbildung“ beschrieben. Das bedeutet: Es gibt eine Problemstellung, die sich innerhalb dieser einen Arbeit mehrfach wiederholt. Auf diese Weise kann mein Hund seine Lösungsstrategie mehrfach anwenden und üben. So bleibt sie ihm viel besser in Erinnerung, brennt sich quasi in sein Gedächtnis.

Ein mögliches Lernziel wäre beispielsweise das Überqueren von Forstwegen auf der Fährte. Dazu lege ich die Strecke mäandernd links und rechts vom Weg an, sodass dieser gleich mehrfach gekreuzt wird. In einem anderen Beispiel soll der Hund üben, sich nicht von frischer Wildwitterung ablenken zu lassen. Also wähle ich einen Streckenverlauf von einer Suhle zur nächsten Kirrung, durch einen Dickungseinstand und an einer Fütterung vorbei.

Teamtraining

Neben dem Training des Hundes ist das Teamtraining von großer Bedeutung. Damit wird begonnen, sobald ich meinen Hund auf der Fährte halbwegs verlässlich lesen kann und dieser prinzipiell das Ziel erreichen will. Im Teamtraining lerne ich, mir und meinem Hund als Gespann zu vertrauen: ihm, dass er finden will, und mir, dass ich sein gezeigtes Verhalten richtig einschätzen kann.

Dafür brauchen wir zunächst nicht markierte und später gänzlich unbekannte Fährtenverläufe. Mit dem Teamtraining sollte so früh wie möglich begonnen werden. Andernfalls besteht die Gefahr, dass ich dem Hund – wenn auch ungewollt und unbewusst – Hilfen gebe und er sich daran gewöhnt.

Im Teamtraining lernt man, seinem Hund und sich selbst zu vertrauen, daher sollte man damit so früh wie möglich beginnen.

Grundaufbau

Riemenfestigkeit

Bevor ich mit meinem Hund eine Fährte am Riemen arbeite, sollte er riemenfest sein. Er soll also das Geräusch einer hinter ihm schleifenden Leine und das Gefühl der Leine am Körper und an beziehungsweise zwischen den Beinen kennen. Für ältere Hunde, die eine normale Führleine kennen, stellt das regulär gar kein Problem dar. Anders sieht es bei Welpen aus, die oft noch gar keine Leine kennen, oder auch bei Hunden, die schlechte Erfahrungen mit der Leine gemacht haben.

Ein junger Hund lässt sich schnell an die lange Leine gewöhnen, indem man sie erst einmal hinterherschleifen lässt.

Beim Welpen ist die Gewöhnung recht einfach: Man zieht ihm sein Geschirr an und befestigt daran ein leichtes, wenige Meter langes Seil. Jetzt gibt es sofort etwas Tolles zu erleben – Spiel, Spaß, Spannung! Nach wenigen Minuten wird der Welpe die neue Leine schon vergessen haben.

Später gehe ich mit ihm und der nachschleifenden Leine noch ins Gelände, damit er sich auch daran gewöhnt, dass hinter ihm die Leine im Laub raschelt oder ihn verhedderte Äste plötzlich „verfolgen".

Sobald er sich überall unbefangen mit der Leine bewegt, was selten mehr als ein paar Tage dauert, kann ich mit dem Training an dem für ihn passenden Riemen beginnen. Bis dahin lasse ich ihn die ersten Übungen frei arbeiten.

Schwieriger kann es bei Hunden mit schlechten Vorerfahrungen werden, wie ich leider selbst erfahren musste. Mein BGS Xaver geriet, als er mit neun Wochen das erste Mal Geschirr und Schleppleine trug, in ein Erdwespennest und wurde über ein Duzend Mal in den Kopf gestochen. Den Schock und die entsetzlichen Schmerzen verknüpfte er jedoch nicht mit den Wespen, sondern mit dem Geschirr und der Leine. In den Folgetagen lief er wieder „nackt" herum und als ich eine Woche später erneut zu diesen Utensilien griff, war ich mir dieser unseligen Assoziation gar nicht bewusst. Über Monate hinweg wunderte ich mich über das merkwürdig zurückhaltende Suchverhalten meines doch als Spezialist gedachten Hundes.

Irgendwann fiel bei mir dann der Groschen, denn mit Halsung statt Geschirr ging es besser und nur mit Halsung ohne Riemen war der Hund wie ausgewechselt. Plötzlich konnte er zügig voransuchen, statt alle paar Meter zu zögern und innezuhalten, um zu sichern. Ab diesem Zeitpunkt arbeitete ich intensiv daran, die Verknüpfung aufzulösen. Riemen und Geschirre lagen im Alltag überall herum und selbst wenn ich sie in die Hand nahm, waren sie ohne Bedeutung für ihn.

Der Riemen kam als Ankündigung für etwas besonders Attraktives ins Bild, in Xavers Fall ein Spiel mit der Hetzangel. Kam der Riemen weg, endete das Spiel. Ich ließ ihn eigenständig Kontakt mit dem „Ding des Grauens" aufnehmen, übte mit ihm, sich mit dem Riemen berühren zu lassen und stundenweise eine kurze Schleppleine zu tragen. Schlussendlich ist es so, dass Xaver Geschirr und Leine auch drei Jahre später noch immer skeptisch gegenübersteht und sehr gut unterscheiden kann, ob ich sie einfach so in der Hand halte oder ihm anlegen will. Er geht dann weg und versucht sich zu verstecken; dabei liebt er die eigentlich damit verbundene Fährtenarbeit über alles.

Hat er die Ausrüstung aber an und darf suchen, sind seine Bedenken schnell verflogen. Gehen wir nur spazieren oder wollen mit Leine gesichert etwas anderes arbeiten, bleibt er leicht gehemmt. Lediglich im echten Einsatz vergisst Xaver seine schlechte Erfahrung völlig und lässt sich manchmal sogar freudig erregt einkleiden. Das ist den inzwischen reichlich absolvierten Erfolgssuchen und einigen Hatzen zu verdanken.

Motivation

Mein Hund kann nur dann begeistert und zuverlässig seine Fährten arbeiten, wenn seine Motivation stimmt. Er braucht einen Grund, diesen Job zufriedenstellend auszuführen. Leider sind nicht alle Hunde oder gar Jagdhunde beim Fährtentraining Selbstläufer. Selbst bei den als Spezialisten für diese Arbeit gezüchteten Rassen kommt es gelegentlich zu Ausfällen – umgekehrt treffe ich bisweilen erstaunlich begabte Exemplare aus uralten Begleithunderassen. Da treibt die Genetik eben manchmal ihr eigenes Spiel. Ich muss mir also Gedanken machen, wie ich meinen Hund für seine Leistung adäquat belohnen kann.

Intrinsisch motivierte Sucher

Im besten Fall nenne ich einen intrinsischen Sucher mein Eigen, jedenfalls wenn es um den jagdlichen Einsatz geht. Das sind Hunde, bei welchen das Element „Orten“ (Verfolgen einer Wildwitterung oder Spur) der jagdlichen Verhaltenskette züchterisch besonders stark betont wurde. Sie benötigen gar keine externe Belohnung, da ihnen das Verhalten an sich schon unglaubliche Freude bereitet. Es ist ähnlich einem musikbegeisterten Menschen, dem das Musizieren an sich Spaß macht – ganz gleich, ob er dafür bezahlt wird oder Applaus erhält.

Gäbe es eine Statistik dazu, fänden sich die meisten intrinsisch suchenden Exemplare, bezogen auf das Ausarbeiten einer Spur, sicher bei den Bloodhounds und den Schweißhunderassen, gefolgt von den Bracken und Laufhunden. Sie fallen abseits des Fährtentrainings oft dadurch auf, dass sie sich einfach für jede Spur oder Fährte interessieren, auch wenn diese regelmäßig im Nichts endet. Dabei sind sie nahezu nicht ansprechbar, wie in einem Tunnel gefangen.

Mein BGS Franz´l war so einer. Er musste beispielsweise unbedingt wissen, wo jemand auf der Jagd gesessen hatte. Konnte er entwischen, wenn ich einen befreundeten Jäger am Forstweg einsammeln wollte, rannte er die Fährte rückwärts bis zum Sitz und kam dann freudestrahlend zurück, obwohl da hinten nichts Besonderes zu finden gewesen war. Franz´l war nach seinen ersten Er-

Dieser BGS war ganz klar ein intrinsisch motivierter Sucher.

folgssuchen auch merklich enttäuscht darüber, dass die Arbeit dort zu Ende war. Das tote Stück blieb ihm vollkommen gleichgültig, bis er seine ersten erfolgreichen Hatzen hatte.

Aus der Sicht eines intrinsischen Suchers stören unsinnig lange Aufenthalte während der Arbeit. Mit ihnen kann ich jedoch trainieren, optisch sehr eindeutig, aber eben nur kurz zu verweisen.

Der Versuch, dieses Verhalten durch Futterbelohnung zu verlängern, führt eher zum Gegenteil, da der so erzwungene lange Aufenthalt aus Sicht des Hundes eine Strafe ist. Das Futter wird (wenn überhaupt) nur schnell geschluckt, weil ich darauf bestehe, aber nicht weil der Hund es haben wollte. Er wird in Zukunft immer nur unauffällig verweisen, um die ungewünschte Zwangspause zu vermeiden. Entsprechend gilt auch bei allen folgenden Empfehlungen: Verweiser oder Futterdosen nach besonderen Schwierigkeiten als Belohnung zu platzieren, mute ich meinem intrinsischen Hund natürlich nicht zu! Intrinsische Sucher scheinen äußerst verleitungsresistent zu sein und haben einen enormen Fährtenwillen. Sie brauchen schon im Anfangsstadium keine Animation durch Futtergerüche, um einer Spur zu folgen – das tun sie ganz von allein.

Da sie jeden Fährtenabbruch und jedes Ende eher negativ empfinden, muss die dort als Ersatz präsentierte Belohnung so hochwertig wie nur irgend möglich sein: ein absolut geliebtes Spiel, das ausschließlich hier stattfindet, eine heißbegehrte Leckerei, die es nur in diesem Zusammenhang gibt, eine Kombination aus beidem, dazu soziale Anerkennung – aber am allerliebsten eine neue Fährte.

Mit solchen Hunden kann ich im Hinblick auf ihre Motivation gar nicht zu viel üben. Suchen zu dürfen ist ihr absolutes Highlight. Stattdessen muss ich achtgeben, dass ich sie nicht über Gebühr belaste, denn auch wenn sich der Hund dabei pudel- oder eher schweißhundwohl fühlt, bleibt die Nasenarbeit anstrengend.

Der rein intrinsische Sucher ist im Training kompliziert, da ich mir sehr genau überlegen muss, wie ich mit seinem Frust am Fährtenende umgehe. Dieser Hund empfindet Futter am Schluss der Fährte zwar nicht als Belohnung, kann es aber sofort noch vor Ort fressen, wenn ich ihn erst einmal aus seinem Tunnel geholt habe. Um einen für den Hund befriedigenden Abschluss zu finden, ist hier zusätzliche Kreativität gefragt.

Primär motivierte Sucher

Sie suchen, weil sie am Ende Beute machen können. Sie leben die Elemente Hetzen – Packen – Töten der Jagdverhaltenskette aus und verschaffen sich dadurch ein gutes Gefühl. Ob der Hund nun hetzt, packt und tötet oder nach der Hatz nur stellt, weil das verfolgte Stück zu groß oder zu wehrhaft ist und deswegen vom nachfolgenden Hundeführer erlegt wird, ist dabei nicht relevant.

Für erschwerte Nachsuchen brauche ich definitiv Hunde, die alle der drei genannten Elemente bedingungslos ausleben wollen und auch können. Manchmal ist zwar der Wille dazu ausgeprägt vorhanden, aber es mangelt an der Physis. Es gibt auch jene Hunde, für die ausschließlich die Hatz selbstbelohnend ist; an der Beute angelangt wollen sie nicht packen und töten oder sich daran nur beteiligen, wenn sie als Meute unterwegs sind. Solche Hunde können, besonders wenn sie auch intrinsisch suchen oder auf Stöberjagden die Verknüpfung „Fährte = hetzbare Beute“ gemacht haben, durchaus hervorragend auf Schweißprüfungen abschneiden und sehr sicher einer Krankfährte nachhängen.

Dennoch sollten sie aus Gründen des Tierschutzes, genau wie die Kollegen mit körperlichen Einschränkungen, nicht ohne geeigneten Hatzhund auf erschwerten Suchen eingesetzt werden. Ob mein Hund ernsthaft hetzt, packt und tötet oder scharf stellt, kann ich leider erst im realen Einsatz definitiv feststellen. Deshalb lasse ich mich im Zweifel von einem erfahrenen Team begleiten, bis ich sicher weiß, dass das klappt. Durch die passende Auswahl der Rasse und Elterntiere kann ich aber die Wahrscheinlichkeit erhöhen, dass mein Hund über die nötigen Anlagen verfügen wird und in einem Schwarzwildgewöhnungsgatter erste Eindrücke gewinnen.

Dass ich diese Primärmotivation nicht im Übungsbetrieb nutzen kann, versteht sich hoffentlich von selbst. Eine kleine Hatz lässt sich aber einbauen, indem ich ein Stück Schwarte an eine Hetzangel oder Hasenzugmaschine binde, das Opfer eines Wildunfalls an eine Seilwinde oder Seilbahn hänge oder zur Pendelsau umbaue, die der Hund stellen kann. Das macht dem einen oder anderen Hund durchaus Spaß, aber es ist und bleibt ein Ersatz und damit eigentlich eher eine Belohnung aus dem Bereich der sekundären Motivation.

Der rein primär motivierte Sucher ist im Training anstrengend, da ich ihn kaum wirklich wirksam belohnen kann. Suchen ohne lohnenswertes Ziel macht ihm keine Freude und alles, was ich bieten kann, ist in seinen Augen die Mühe nicht wert. Stattdessen lässt er sich sehr leicht verleiten, wenn er weiß, dass am Ende von Wildfährten wenigstens eine Hatz zu erwarten ist.

Obwohl er die echte Jagd so deutlich bevorzugt, sollte sich ein solcher Hund trotzdem auch sekundär belohnen lassen. Ein gesunder, leicht hungriger Hund frisst. Tut er das nicht, obwohl es sich um außergewöhnlich leckeres Futter handelt, ist er entweder krank oder hat gerade enormen Stress. Letzteres ist häufig dann gegeben, wenn der Hund gern hetzen und töten würde, sich im Wald – und damit in einer Umgebung mit reichlich potenziellen Opfern – befindet und womöglich noch entsprechend Erfahrung durch Jagdeinsätze hat. Hier gilt es, diesen

Entspannungsübungen können Stress abbauen.

Stress aufzulösen. Dazu eignen sich diverse Entspannungsübungen und ganz viele „langweilige“ Waldaufenthalte. Parallel dazu kann ich das Fährtentraining vorerst in sehr reizarme Gebiete ohne Wild verlegen. Im Extremfall tut es auch der Parkplatz eines Supermarktes nach Geschäftsschluss.

Sekundär motivierte Sucher

Hierbei handelt es sich um Hunde, die ohne Training und passende Belohnungen kaum Interesse an irgendwelchen Spuren haben und selbst bei sichtig flüchtendem Wild nicht in Erregung geraten. Sie arbeiten eine Fährte, weil sie am Ende Futter, das Lieblingsspielzeug, die Freigabe zu einer sonstigen geliebten Tätigkeit oder auch einfach soziale Anerkennung erhalten. Besonders die Sache mit der „beliebten Tätigkeit“ als Belohnung sollte ich genau durchdenken.

Was macht mein Hund ganz besonders gern, was liebt er? Kann ich diese Tätigkeit, dieses Ereignis gezielt mit dem Fährtenende koppeln? Liebt er vielleicht Wasser und geht begeistert schwimmen? Dann enden unsere Suchen eben in Wassernähe und zur Belohnung schicke ich ihn baden. Liebt er gemeinsame Radtouren? Also finden wir am Ende mein Fahrrad und drehen eine Runde. Buddelt er gern Mäuse? Findet er ein wildes Raufspiel mit mir toll? Es macht Sinn, hierzu auch Familie und Freunde zu befragen, manchmal ist man selbst ein wenig betriebsblind oder voreingenommen.

Wenn die Belohnung hochwertig genug ist, werden auch diese Hunde die kniffeligsten Aufgaben lösen. Sie entwickeln jedoch meist nicht den Elan, den Biss und die Begeisterung, welche die beiden anderen Gruppen auch über extrem lange Strecken zeigen. Unter den Jagdgebrauchshunden aus Leistungszucht sollten Exemplare ohne jeglichen Anteil von Primärmotivation eigentlich nicht vorkommen, erst recht nicht bei den intrinsischen Suchern. Wird eine Rasse aber schon länger ohne Leistungsgedanken vermehrt oder war als Begleithund sowieso nie für die Jagd oder die Arbeit an Vieh gedacht, sieht das anders aus.

Der rein sekundär motivierbare Sucher ist meist angenehm zu trainieren, wenn ich die Aufgaben für ihn in genügend kleine Schritte unterteile. Auch die Belohnung stellt hier kein großes Problem dar.

Schlussendlich treffen wir oft auf Mischformen dieser Typen; die theoretische Unterteilung soll helfen, den Hund in seinen Bedürfnisse und seinem Arbeitsverhalten zu verstehen. Das wiederum erleichtert die Suche nach der für meinen Hund wirksamen Belohnung.

Das Suchverhalten

Prinzipiell ist der persönliche Stil eines jeden Hundes bei der Suche zu tolerieren. Dennoch gibt es einige Merkmale, die für eine ordentliche Teamarbeit wünschenswert und auch notwendig sind. Weicht mein Hund davon deutlich ab und gewöhnt sich womöglich fehlerhaftes Suchverhalten über mehrere Übungen an, werden wir bei komplizierten Aufgaben über kurz oder lang wahrscheinlich scheitern.

Haltung der Nase

Der Hund sollte überwiegend mit tiefer Nase suchen, sich an der Bodenverwundung und der bei Kunstfährten dort abgestempelten Individualwitterung der Schalen oder des verwendeten Schweißes orientieren. Doch wie schon ausführlich beschrieben, findet sich dort zusätzlich die Individualwitterung des Fährtenlegers, die bei kurzen Standzeiten von unter drei Stunden noch richtiggehend in der Luft hängt und einem Geruchstunnel ähnelt. Mein Hund kann sich für diese Geruchskomponente als Leitgeruch entscheiden und läuft dann mit halbhoher bis hoher Nase.

Gewöhnt er sich dieses Muster an, wird er in Schwierigkeiten kommen, wenn diese Witterung durch eine längere Standzeit der Fährte und/oder starken Wind deutlich minimiert oder schon nahezu verschwunden ist. Er wird – ähnlich wie ein

Dieser Vizsla arbeitet mit hoher Nase.

Mantrailer – weite Pendelbewegungen machen, meist mit einer erhöhten Grundgeschwindigkeit. Spätestens im Dickicht wird sich dadurch der Riemen ständig verhängen und festziehen, das Team muss immer wieder anhalten, um sich und das Material zu sortieren. Das erzeugt ziemlich schnell Frust auf beiden Seiten. Spaß und Freude an der Arbeit sind dahin.

Und selbst wenn wir auf diese Weise irgendwie zum Ziel kommen, werden wir in der Praxis wichtige Pirschzeichen nicht finden, wenn wir ständig abseits der Trittfährte unterwegs sind. Diese Pirschzeichen können aber von Bedeutung sein, wenn ich zum Beispiel anhand des Fundstückes erkennen muss, dass die Suche mich und meinen Hund vermutlich überfordern wird. Außerdem kann ich bei solchem Suchverhalten nicht erkennen, ob das Stück Wiedergänge angelegt hat. Hierfür wechselt es mehrfach auf der eigenen Fährte zurück, um potenzielle Verfolger abzuschütteln, bevor es sich dann niederlegt. Wir treffen also unter Umständen ungebremst und für mich überraschend auf krankes, aber wehrhaftes Wild.

Alles in allem sind das genügend Gründe, meinen Hund zu schulen, mit tiefer Nase der Bodenverwundung und der dort befindlichen Individualwitterung des verwendeten Stücks zu folgen.

Ein Teil der Nasenhaltung ist der Anlage geschuldet. Ein Vorstehhund wird die Nase tendenziell höher tragen als ein Stöberhund und dieser trotzdem noch höher als ein Schweißhund. Ich muss die Hunde also, je nach Rasse und individueller Ausprägung, stärker oder weniger intensiv dazu motivieren, auch dann mit tiefer Nase zu suchen, wenn sie eigentlich auch anders ans Ziel kämen. Nicht umsonst steige ich gern mit Futter- und/oder Wildschleppen ein, die viel spannenden Geruch direkt am Boden entwickeln.

Bei der Überleitung zur Trittfährte klappt es meist gut, wenn dann immer wieder in recht kurzen Abständen etwas Spannendes zu finden ist, das der Hund sonst überlaufen würde. Oft reichen viele ausgebrachte Verweiserstücke, für deren Fund der Hund ausgiebig gelobt wird oder auch ein Leckerchen aus der Tasche erhält. Findet der Hund solche Fundstücke nicht beziehungsweise noch nicht interessant, kann ich sie mit kleinen Futterdosen aufwerten, die ich dazulege. Madendosen aus dem Angelbedarf sind für den Anfang geschickt, da der Futtergeruch durch die kleinen Löcher gut wahrnehmbar ist.

Klappt es weder mit Schleppen noch Futterdepots in Dosen, weil mein Hund vielleicht als eigentlicher Feldgebrauchshund schon viel Erfahrung und Erfolg bei der Arbeit mit hoher Nase hatte, kann es notwendig sein, eine Weile reine Futterfährten abzugehen. Diese werden dann schleichend in die eigentlich gefragte Form überführt.

So kann man Verweiserstücke mit einer Madendose aufwerten.

Der Hund läuft mit halbhoher Nase – vermutlich ist es eine eher einfache Passage.

Hat mein Hund die ersten Arbeiten wie gewünscht mit tiefer Nase absolviert und nimmt sie erst im weiteren Trainingsverlauf immer höher (bleibt aber auf der Trittfährte), sollte ich den Schwierigkeitsgrad erhöhen. Als erste Maßnahme ist hier die Erhöhung der Standzeit das Mittel der Wahl.

Eigenständiges Arbeiten

Bei der Fährtenarbeit soll mein Hund möglichst eigenständig arbeiten, schließlich hat er die bessere Nase. Wäre die Spur optisch gut zu erkennen, bräuchte ich keinen Hund, um ihr folgen zu können. Das setzt zum einen voraus, dass der Hund zum Ziel kommen will, und zum anderen, dass er das möglichst ohne meine Hilfe und im Zweifelsfall auch gegen meine vielleicht gut gemeinten, aber womöglich fehlerhaften Hilfsangebote schafft. Nicht umsonst wurden die Spezialisten für solche Arbeiten auf hohe Eigenständigkeit und „Sturheit" gezüchtet, was mit einer geringen Kooperationsbereitschaft einhergeht.

Auch in den Prüfungen wird nur das allernötigste Mindestmaß an Gehorsam abgefordert. Die Hunde sollen gar nicht erst auf die Idee kommen, sich für jede Aktion bei ihrem Hundeführer zu versichern. Unter Brackenhaltern gibt es dazu den Spruch: „Einer Bracke befiehlt man nicht, man bittet sie und wenn es ihr in den Kram passt, dann kommt sie der Bitte bei Gelegenheit nach!".

Ganz anders sieht das bei den Vorstehhunden aus. Sie wurden gezüchtet, um eng mit ihrem Menschen zu kooperieren, sollen deutlich weniger eigenständig agieren und auf die Signale ihrer Hundeführer warten. Retriever sind ähnlich extrem gelagert, alle anderen Rassegruppen liegen in ihrer Kooperationsbereitschaft irgendwo zwischen Vorsteher und Schweißhund. Außerdem kann jedes Individuum innerhalb seiner Rasse eine Ausnahme von der Regel sein.

Je weniger eigenständig mein Hund ist und je höher seine Kooperationsbereitschaft, desto schwerer wird ihm die eigene Entscheidung – gar gegen meinen Willen – auf der Fährte fallen. Das gilt besonders dann, wenn ich solches Verhalten auch noch mit ihm trainiere oder womöglich ungewollt eigene Entscheidungen des Hundes bestrafe. Solche Hunde orientieren sich sehr an ihrem Menschen. Für die Fährte bedeutet das, dass sie mich auslesen. Ich muss also meine eigene Körpersprache und auch meine Gedanken unter Kontrolle haben.

Diese Hunde erkennen, ob ich überwiegend in Richtung des weiteren Fährtenverlaufs ausgerichtet stehe oder schaue. Sie merken, ob ich immer nur dann

Der Weimaraner ist ganz klar auf der Fährte.

mit angehe, wenn sie richtig sind, oder dann verzögere, wenn sie falsch unterwegs sind. Sie spüren, wenn meine Stimmung in die eine oder andere Richtung kippt und korrigieren sich entsprechend.

Das kann so weit gehen, wie bei der Weimaraner-Hündin Greta, die eine für den Hundeführer gut sichtbar markierte Fährte wie auf Schienen ablief. An Winkeln kreiselte sie kurz und nahm dann den weiteren Verlauf sicher an. Doch sobald die Markierungen fehlten und damit die Rückmeldung von ihrem Hundeführer ausblieb, stand sie unschlüssig da und war ganz offensichtlich ahnungslos, was sie nun tun sollte. Die beiden hatten eine sehr enge Beziehung und viel zu lange ausschließlich markierte Fährten gearbeitet. Niemand hatte drauf geachtet, wie feinfühlig die Hündin jeden unbewussten Hinweis ihres Herrchens aufnahm und umsetzte. Wir boten Greta dann ein paar Fährten an, auf welchen sie immer innerhalb einer Riemenlänge sofort einen Verweiserbrocken finden konnte. Ihr Chef konnte unbeteiligt stehen bleiben, nach dem Fund aufschließen und sie zum nächsten Brocken vorangehen lassen. Sehr schnell hatte Greta verstanden, dass sie jetzt selbstständig und allein mit der Nase arbeiten sollte. Herrchen biss sich derweil tapfer auf die Zunge und achtete sehr auf seine Körpersprache.

Doch auch die eigentlich eigenständigen Typen, die sonst wie im Tunnel suchen und von ihrer Umwelt kaum etwas mitbekommen, fragen bei ihren Besitzern nach Informationen oder Hilfe, wenn sie sich gerade unsicher fühlen. Jetzt muss ich wirklich aufpassen, nicht unbewusst falsche Antworten zu geben. Mein junger Hund hat beispielsweise für mehr als eine Riemenlänge eine Verleitung angenommen und bemerkt nun, dass etwas nicht stimmt: Er bleibt stehen und dreht sich um. Er ist sich womöglich nicht sicher, welche der Fährten er denn nun arbeiten soll. Wenn ich mit nur wenigen Metern Abstand genau hinter ihm laufe, versperre ich ihm quasi den Rückweg, schaue und bewege mich vielleicht auch noch in Richtung der Verleitung. Das kann ausreichen, um meinen Hund annehmen zu lassen, dass ich genau diese Richtung wünsche – oder er sich zumindest gehemmt fühlt, jetzt auf mich zuzugehen. Denn körpersprachlich signalisiere ich in diesem Moment: „Bleib weg von mir."

Damit der Hund also nicht in einen Konflikt kommt und ich ihn nicht weiter in eine Richtung „schiebe", in die er selbst gar nicht sicher wollte, bleibe ich sofort stehen, wenn mein Hund stehen bleibt. Und wenn er sich zu mir umdreht, drehe ich meine Körperachse und meinen Schwerpunkt aus der Laufrichtung, mache ihm quasi „die Tür auf", damit er, wenn er mag, zurückgehen kann. Wenn mein Hund fragt, bleibe ich grundsätzlich stehen und gebe ihm den Weg frei – auch dann, wenn ihn auf der richtigen Fährte Zweifel überkommen. Er soll schließlich keine Information erhalten, in welche Richtung es weitergeht.

Der Hund bleibt stehen (a) und dreht sich um (b). Der Führer dreht sich zur Seite (c) und gibt den Rückweg frei.

Hilfe bekommt der Hund von mir nur dann, wenn er mir überzeugend gezeigt hat, dass er dem richtigen Fährtenverlauf gern folgen möchte, ihn aber irgendetwas daran hindert. Dann gehe ich zu ihm und sehe nach, was ich tun kann: den Dackel über einen Baumstamm heben, dem kurzhaarigen Hund die ersten Brennnesseln flachtreten, die Brombeerranke anheben, die sich im Fell vom langhaarigen Hund verfangen hat.

Niederläufige Hunde werden auch schon mal über ein Hindernis gehoben.

Diese Hilfestellung sollte selbstverständlich sein, denn es ist völlig in Ordnung, dass mein Hund sich an solche Widrigkeiten erst gewöhnen muss. Je passionierter er den Job macht, desto seltener werden ihn derartige Hindernisse noch aufhalten.

Tempo der Suche

Auch das vom Hund bevorzugte Suchtempo hat etwas mit der Anlage zu tun. Das fängt allein damit an, dass die bevorzugte Grundgangart der Caniden der Trab ist. Dem zum Teil gemütlichen Zockeltrab mancher Schweißhunde kann ich mit schnellen, weiten Schritten auch im Gelände noch halbwegs folgen. Bei den raumgreifenden Bewegungen eines hochläufigen Vorstehers wird das schon schwieriger, noch dazu bevorzugen diese eigentlich den Galopp. Hängen die Hunde dann noch mit ihrem ganzen Körpergewicht im Riemen, wird es sehr anstrengend, den Riemen zu halten, auf den Füßen zu bleiben und das Tempo zu bestimmen.

Ein anderer Grund für den Wunsch, schneller vorwärts zu kommen, ist das Ziel, an das die meisten Hunde möglichst schnell gelangen wollen. Ich kann aber definitiv keinen Hund brauchen, der mich wie ein Bulldozer hinter sich herzieht, weder in der freien Natur noch im städtischen Raum. Sicherheit ist auch hier das oberste Gebot – ich will weder hangabwärts zu Fall kommen noch in einer Straßenkreuzung vor das nächste Auto gezogen werden. Zudem ermüdet das hohe Tempo uns beide unnötig, der Mensch verliert meist schneller den Spaß als der Hund und auch die Verletzungen kassiert überwiegend der Zweibeiner. Ganz unabhängig von Sicherheit und Bequemlichkeit: Wenn ich regelrecht hinter dem Hund her fliege, kann ich auch keine Pirschzeichen sehen!

Oft höre ich den Tipp, man solle schlicht gegenhalten und den Hund so dazu zwingen, das Tempo zu drosseln. Das mag in Einzelfällen funktionieren, besonders dann, wenn der Hund am Anfang der Ausbildung steht und sich das Verhalten noch nicht wirklich angewöhnt hat. Oder wenn der intrinsische Sucher merkt, dass er noch viel mehr von seiner Fährte hat, wenn er langsam unterwegs ist. Bei vielen anderen funktioniert es aber nicht und das hat lerntheoretische Gründe.

Der Hund hängt im Riemen, weil er an sein Ziel will. Jeder Schritt näher an dieses Ziel heran ist also eine Belohnung für ihn. Das Verhalten hat sich bis dahin immer gelohnt und damit gefestigt. Ein Hund reflektiert nicht, dass er ohne Zug genauso ans begehrte Fährtenende gelangt wäre. Wenn ich nun dagegenhalte, mindere ich zwar die Geschwindigkeit, gehe aber trotzdem weiter mit ihm vorwärts. Der Hund fühlt sich behindert und wird als Lösungsstrategie genau das Verhalten zeigen oder verstärken, welches bis dato aus seiner Sicht zum Erfolg führte: noch mehr Drang nach vorn. Ich übe also unbewusst das Gegenteil von dem, was ich eigentlich wollte. Der Hund wird immer heftiger im Riemen und je nach Typ wird ihn dieses Ausbremsen frustrieren, möglicherweise gar den Spaß am Fährtentraining dämpfen.

Deshalb übe ich das langsamere Gehen zunächst getrennt von der eigentlichen Fährtenarbeit. Ein Ansatz wäre, die schon bekannte Futterfährte zu nutzen, bei welcher der Hund jeden einzelnen Brocken auflesen muss, bevor es weitergeht. Auch ein „Futter-Staubsauger" wird sich unter diesen Umständen einbremsen müssen.

Dieses ruhige Suchtempo kann ich durch mantraartige Wiederholung eines entsprechenden Signals – wie zum Beispiel „laaangsam" – mit diesem verknüpfen. Leider lässt sich nur schwer beurteilen, wann der Hund den Zusammenhang begriffen hat und ich das neue Signal gewinnbringend in der Fährte einsetzen kann.

Daher bevorzuge ich den Aufbau über eine sogenannte Pendelübung. Hierfür nehme ich den Hund an eine mehrere Meter lange Leine, damit er, genau wie bei der Suche, vor mir läuft. Nun gehe ich auf etwas zu, das er unbedingt haben will und wofür er sich auch in den Riemen legen wird. Das kann der gefüllte Napf sein, sein Lieblingsspielzeug, die begehrte Reizangel, eine herrliche Badestelle – was es ist spielt keine Rolle. Wichtig ist nur, dass mein Hund da jetzt sofort und unbedingt so schnell wie möglich hin will.

Ich lasse ihn am Riemen in etwa 4 Meter Entfernung vor mir sitzen und auf „Okay“ gehen wir an. Sobald sich der Riemen spannt, bleibe ich stehen und warte. Lockert mein Hund den Zug, sage ich erneut „Okay“ (oder welches Signal auch immer ich als Freigabe benutze) und gehe wieder an, lasse die Leine dabei durch meine Hand gleiten und den Hund sein begehrtes Ziel erreichen. Bleibt mein Hund jedoch ganz stur auf Zug und kommt auch nach mehreren Sekunden nicht auf die Idee, sich nach hinten zu orientieren, erzeuge ich ein leises Geräusch, das ihn aufmerksam macht. Lockert er nun den Zug, folgt das „Okay“, ich lasse die Leine gleiten und er darf zum Objekt der Begierde laufen.

Nach einigen Wiederholungen sollte der Hund begriffen haben, dass er nur dann vorwärtskommt, wenn er die Leine lockert, ohne dass ich ihn vorher anspreche. Bleibt die Leine länger als 5 Sekunden straff, sage ich „Schade“ und ziehe ihn sanft rückwärts ein paar Schritte weg. Vor dem nächsten Versuch bringe ich ihn erst wieder in die beschriebene Startposition. Mein Hund macht also die Erfahrung: Lockere Leine führt ans Ziel, gespannte Leine entfernt mich noch weiter davon.

Im nächsten Trainingsschritt verknüpfe ich sein Verhalten, die Leine zu lockern, mit dem Hörzeichen „langsam“. Dabei muss ich genau den Moment erwischen, in dem sich der Hund zurücknimmt. Je später mein Signal kommt, desto schlechter kann er es mit seinem schon ausgeführten Verhalten in Zusammenhang bringen.

In der folgenden Trainingsstufe lasse ich ihn nun nicht mehr nach dem ersten Lockern des Zuges gleich bis ans Ziel, sondern gehe erneut mit ihm gemeinsam an. Ziemlich wahrscheinlich wird wieder Zug entstehen. Dann bleibe ich sofort stehen. Vermutlich wird der Hund nun sein neu erlerntes Verhalten anbieten und ich kann es wieder mit dem neuen Hörzeichen verbinden. Falls nicht, geht es mit „Schade“ ein paar Schritte zurück. Es bleibt also beim selben Ablauf wie in der vorherigen Übung, nur wird das Verhalten auf dem Weg zum Ziel mehrfach abgefragt.

Nach einer Woche zweimal täglichen Übens sollte der Hund eine Vorstellung davon entwickelt haben, was „langsam“ bedeutet. Ab diesem Zeitpunkt nutze ich es im Gehen, wenn Zug aufkommt. Meinem Hund gebe ich drei meiner Schritte Zeit zu reagieren, ansonsten bleibe ich wie gehabt stehen und warte kurz ab. Lockert er jetzt die Leine, verknüpfe ich wieder das Signal – tut er es nicht, geht es rückwärts. Erst wenn wir diese Übung überwiegend auch im Gehen beherrschen, nehme ich das Gelernte mit in die Fährtenarbeit, falls dort heftiger Zug entsteht.

Der Hund zerrt im Riemen Richtung Napf (a). Mit „Schade“ wird er nach hinten weggezogen (b). Er lockert den Zug und orientiert sich zur Hundeführerin (c). Mit „Okay“ geht es am lockeren Riemen Richtung Napf (d). Bleibt der Riemen locker, darf der Hund den Napf leeren (e).

Möchte ich einen Hund im Tempo drosseln, der an sich schon recht langsam sucht, jedoch für seine Nasenleistung noch etwas zu schnell unterwegs ist, kann ich ihn gegebenenfalls mit intensiver Winkelarbeit bremsen. Sucht er zu schnell, überläuft er die Winkel und muss kreisen. Da er eigentlich so direkt wie möglich ans Ziel kommen will, wird er eigenständig seine Geschwindigkeit reduzieren, um nicht ständig die Fährte zu verlieren.

Ruhiges Arbeiten

Manche Hunde sind die Ruhe selbst. Immer und ganz egal, was passiert. Andere sind per se von aufgedrehter, quirliger Natur. Bei der Fährtenarbeit bevorzuge ich einen ruhigen Arbeitsstil, allerdings akzeptiere ich individuelle Gegebenheiten. Der Hund soll für seine Verhältnisse ruhig und konzentriert unterwegs sein – keinesfalls jedoch hektisch überdreht.

Aus Sicht eines Terrier-Führers sieht ein aufgedrehter Schweißhund fast tiefenentspannt aus. Umgekehrt erscheint einem Schweißhundeführer der ruhige Terrier meist noch völlig hochgefahren. Doch mir geht es um das Individuum, dass für sich bitte ruhig und konzentriert bei der Sache sein soll. Wenn der Terrier mit tiefer Nase zackige Pendelbewegungen auf der Fährte macht, beim Bögeln mit schnellen Tippelschritten die Fährte wieder aufnimmt, ist das in Ordnung. Dreht der Hund aber hoch, ist das meist ein Zeichen dafür, dass die Konzentration nicht mehr reicht und der Hund Stress hat: „Operative Hektik ersetzt geistige Windstille!“ So kommen wir (wenn überhaupt) nur schlecht ans Ziel, denn der Hund wird schwieriger zu lesen sein und sich leichter verleiten lassen.

In den meisten Fällen ist eine Pause das beste Heilmittel. Ich stoppe den Hund und lege ihn etwas abseits des Fährtenverlaufs ab. Dabei erzeuge ich keinen Druck, denn er soll entspannen und seine Erregung herunterfahren – das klappt

Dieser Terrier arbeitet am hängenden Riemen.

nicht unter Zwang. Insofern muss er auch nicht liegen, wenn er lieber sitzt, aber auf jeden Fall eine bequeme Position einnehmen. Ich setze mich daneben und entspanne ebenfalls. Je nach Situation gibt es Futter für den Hund, einen Snack für mich und Wasser für uns beide. Wir haben Zeit.

In der Pause sollte auch immer Wasser angeboten werden.

Neigt mein Hund häufiger zur Aufregung, macht es Sinn, neben dem Ablegen auch gezielt Entspannungsübungen einzusetzen. Eine einfache Methode ist das feste Abstreichen, vom Nacken beginnend über den Rücken die Läufe entlang bis zum Boden, erst die vorderen, dann die hinteren Beine. Fest abstreichen bedeutet, dass ich mit der ganzen Handfläche Druck aufbaue, das ist kein Streicheln. Zu Beginn sind meine Bewegungen zügig, dann werden sie immer langsamer, bleiben aber fest. Ich selbst atme dabei deutlich tief in den Bauch ein und langsam wieder aus.

Auch mit einer sogenannten isometrischen Übung kann ich den Hund beruhigen. Dazu lege ich ihm meine Hand seitlich ans Schulterblatt, während er steht oder sitzt. Ganz sachte baue ich immer stärkeren Druck gegen die Schulter auf. Wichtig ist, dass das ganz langsam geschieht – ich will den Hund nicht schubsen und vermeiden, dass er aufsteht und ausweicht. Er soll sich gegen diesen Druck anlehnen. Auch wenn er den Kontakt zunächst nicht bewusst wahrnimmt, gelange ich so an sein Unterbewusstsein und setze einen ruhigen Kontrapunkt, der ihm das Entspannen erleichtert.

Wer sich intensiver mit beruhigenden Berührungen befassen möchte, dem kann ich Tellington TTouch®, eine Methode nach Linda Tellington-Jones empfehlen.

Natürlich sollte ich auch prüfen, weshalb sich mein Hund überhaupt aufregt und hektisch wird. Ist das Fährtenende vielleicht zu gut, sodass er sich schon vor lauter Vorfreude quasi überschlägt? Dann wähle ich beim nächsten Mal etwas

Das Abstreichen erfolgt vom Hals über die Vorderläufe und dann vom Hals über den Rumpf und die Hinterläufe.

Die Hundeführerin baut Druck an der Schulter auf und der Hund hält unbewusst dagegen.

weniger Attraktives als Belohnung. Reagiert er so, weil er die Arbeit zwar leisten will, aber gerade nicht kann, weil sie zu schwierig oder der Hund bereits erschöpft ist? Gibt es eine akute Ablenkung, die ihn aufregt und überfordert? Warten wir, bis der Auslöser verschwunden ist oder kann mein Hund sich trotzdem beruhigen? Muss ich in der Fährte etwas vorgreifen, um eine allzu erregende Stelle zu überspringen? Die nächste Übung sollte dann in ablenkungsarmer Gegend stattfinden, bis die Grundlagen der Fährtenarbeit sitzen. Erst dann werden Ablenkungen ganz gezielt eingebaut.

Eine weitere Möglichkeit für „geborene Hektiker" ist das Anlegen einer kleinen Ring-Futterfährte mit etwa 20 Meter Durchmesser. Diesen Kreis gehe ich einmal und verteile dabei reichlich kleine Futterbrocken auf der Fährte. Der Hund kann die Fährte nun in frei gewählter Manier so lange absuchen, wie er möchte, und darf dabei auch Brocken überlaufen. Ich sichere lediglich über den Riemen, dass er der Spur folgt und nicht durch den Kreis abkürzt. Sehr viele aufgeregte Hunde entspannen sich von Runde zu Runde, werden konzentrierter und können so einen ruhigeren Suchenstil üben.

Darf ich dem Hund helfen?

Ich habe nun eine Vorstellung davon, wie ein suchender Hund aussieht, wie er sich idealerweise zeigen sollte und auf welche Weise ich seinen individuellen Stil positiv beeinflussen kann. Ich bin voller Ideen, wie ich ihn zur Suche motivieren und die ersten Arbeiten gestalten werde, damit sie zum Erfolg führen. Jetzt stehe ich mit meinem Hund draußen auf der Fährte – und es geht nicht weiter, er ist vom Verlauf abgekommen. Obwohl ich Ruhe reingebracht und ihn geschickt in die Nähe des Streckenverlaufs gelenkt habe, kreuzt er die Spur unbeeindruckt. Er scheint sie (warum auch immer) nicht wahrzunehmen oder hat schlicht kein Interesse an ihr.

Wie gehe ich jetzt weiter vor? Darf ich meinem Hund die Fährte zeigen?

Einem Anfängerhund, den ich wahrscheinlich falsch eingeschätzt und daher überfordert habe, der aber offensichtlich noch Willens ist, dem helfe ich auch mal. Ich „suche" selbst, „finde" tatsächliche die Fährte und interessiere mich für den Hund deutlich erkennbar dafür. Nun hole ich den Hund dazu, zeige ihm die Spur und motiviere ihn zur Wiederaufnahme der Arbeit. Fällt er die Fährte jetzt an und stehen die Chancen gut, dass wir es wenigstens bis zum nächsten Verweiserpunkt schaffen, lasse ich ihn bis zu diesem arbeiten und trage ihn von dort mit viel Lob und Belohnung ab (siehe Abtragen und Abziehen S. 106f.). Scheint es mir unwahrscheinlich, dass er es noch bis zum Verweiser schafft, stoppe ich nach wenigen Metern auf der Fährte, lobe und trage ihn hier bereits ab.

Der junge Hund bekommt kurz die Fährte gezeigt.

Mangelt es aber deutlich an Motivation oder ist mein Hund schlicht über den Punkt hinaus, bis zu welchem er sich konzentrieren konnte, ziehe ich ihm seine Suchutensilien ganz neutral (!) aus und beende damit die Arbeit. Treten solche gravierenden Probleme auf, muss ich genau überlegen, was der Grund dafür war, und die nächste Einheit entsprechend verändert planen. Mein Hund soll Erfolg haben, um seinen weiteren Fortschritt darauf aufbauen zu können. Perfektionisten haben für solche Fälle gern eine kleine, einfache Ersatzfährte liegen, die im Anschluss lustvoll gemeistert werden kann. Ich selbst konnte mich zu diesem Extra-Aufwand zugegebenermaßen noch nicht durchringen.

Bei einem in der Ausbildung bereits weiter fortgeschrittenen Hund sieht das Prozedere anders aus. Hier sollte die Motivation definitiv stimmen und der Hund die Fährte mit meiner Unterstützung wieder anfallen, ohne dass ich sie ihm explizit zeige. Wenn er dennoch andere Interessen hartnäckig verfolgt und seine Arbeit ignoriert, dann hat das Konsequenzen für ihn. Im ersten Versuch warte ich ihn einfach aus. Er hat vielleicht im Moment keine Lust zu suchen – aber das Alternativprogramm lautet dann schlicht: langweiliges Abliegen. Manchmal muss ich die Ablage nur lange genug konsequent durchhalten, damit er dann doch froh ist, wieder suchen zu dürfen, statt Löcher in die Luft zu gucken. Klappt auch das nicht, ziehe ich ihn mit einem neutralen „Schade“ ab und packe ihn anschließend kommentarlos ins Auto. Im praktischen Einsatz weiß ich später auch nicht, wo die Fährte hinführt. Also werde ich meinen Hund nicht gegen seinen Wunsch zum Ziel geleiten und dort gar noch für eine nicht geleistete Arbeit belohnen. Ebenso wenig werde ich ihn auf die Fährte zwingen – das kann ich nämlich in der Praxis ebenfalls nicht. Er muss schlicht selbst suchen und finden wollen.

Geht es lediglich um die Auslastung eines Familienhundes, der nicht zur Nachsuche eingesetzt wird, kann und darf ich natürlich lebenslang helfen. Trotzdem sollte ich mir in jedem Fall Gedanken über die Motivationslage, meinen Trainingsaufbau und auch die Gesundheit meines Hundes machen, wenn das Problem häufiger oder gar ständig auftritt.

Anschuss – Abgang

Der Anschuss markiert den Anfang der Fährte. Er ist dort, wo das Wild stand, als es getroffen wurde. Hier finden sich Eingriffe der Schalen, Ausrisse aus dem Boden und der hier wachsenden Vegetation sowie Schnitthaare, die vom Geschoss an der Eintrittsstelle ausgestanzt wurden. Wenn das Wild vor der Flucht noch einen Moment zögerte, können auch Schweiß und Gewebeteile aus dem Ein- und Ausschuss in den Anschussbereich fallen. Sehr viel Material findet sich aber vor

Deutlich präparierter Abgang (a) und unauffälliger Abgang (b)

allem im Ausschuss, der Verlängerung der Schussbahn hinter dem Wildkörper. Bei einem flachen Schusswinkel können bis zu 30 Meter weiter noch Haare, Schweiß und Gewebefetzen – auch auf unterschiedlicher Höhe – in der Vegetation gefunden werden.

Ein ungeübter Hund wird Schwierigkeiten haben, hier selbstständig den Abgang der Fährte zu identifizieren, wenn es etliche Meter weiter weg so intensiv riecht. Genauso kann es vorkommen, dass das beschossene Stück nicht allein war und aus dem direkten Umfeld gleich mehrere Fährten der gleichen Art, oftmals sogar genetisch naher Verwandter, starten. Diese ganzen Schwierigkeiten lasse ich zu Anfang der Ausbildung außen vor. Ich bringe meinen Azubi direkt an den Start, den Welpen trage ich sogar dorthin.

Größere Hunde führe ich am sehr kurzen Riemen bis zum Abgang. Diesen habe ich im Vorfeld präpariert. Mit den Schuhen reiße ich den Boden etwas auf und bringe dort ein kleines Stück Decke bzw. Schwarte, ein Knochenstück, aber immer auch ausgerissene Haare oder Schweiß aus. Letztere sind meist auch dann noch vor Ort, wenn bei längeren Standzeiten der Fährte ein Fuchs die anderen Brocken gefressen haben sollte. Bei einer reinen Schweißfährte (oder solchen mit Lebensmittelaromen) kommt nur eine größere Menge Schweiß (bzw. aromatisiertes Wasser) in die Bodenverwundung und bei Futterfährten einige Futterbrocken.

Der Hund untersucht den Abgang.

Natürlich stelle ich meinen Hund nicht mitten in die präparierte Fläche des Abgangs, sondern knapp davor. Er interessiert sich entweder von selbst oder ich mache ihn aufmerksam, indem ich diesen Bereich vor seinen Augen gespannt untersuche. Spätestens dann ist der Junior auch mit seiner Nase dabei. Ich lasse ihn ganz in Ruhe alles abschnuppern; liegen Futterbrocken aus, darf er diese fressen.

Liegen jedoch Pirschzeichen, halte ich ihn unter Lob sanft zurück, wenn er eines beschnüffelt. Dann nehme ich es auf, lasse ihn nochmal daran schnuppern und tausche es gegen eine Futterbelohnung. Nenne ich einen „Futter-Staubsauger" mein eigen, liegen nur Haare und Schweiß, bis er das korrekte Verweisen gelernt hat. So gewöhnt er sich das Fressen der Pirschzeichen gar nicht erst an.

Ich kann den Anschuss gleich in eine kurze Fährte münden lassen oder zunächst nur Anschüsse ohne Fährtenabgang bieten, damit der Hund erst lernt, die Anschussstelle wirklich intensiv zu untersuchen und mir alles zu zeigen, statt so schnell wie möglich auf die Fährte zu gehen.

Die Suchausdauer

Die ersten Fährten mit einem Welpen sind meist noch extrem kurz. Je nach Veranlagung und Alter genügen 10 bis 30 Meter; für längere Strecken reicht in der Regel die Konzentration noch nicht. In diesem Alter erwecken alle möglichen Außenreize plötzlich das Interesse und lenken ab. Deshalb lieber kurz, motiviert, fokussiert und erfolgreich, als jetzt schon unerwünschte Verhaltensweisen provozieren und zur Gewohnheit werden lassen.

Ältere Hunde können sich allgemein deutlich länger konzentrieren, hier sind 50 bis 100 Meter ein geeigneter Einstieg. Aufpassen muss ich auf den Wind: Er sollte keinesfalls von vorn kommen, sonst nimmt mein Hund das attraktiv gestaltete Fährtenende zu früh wahr und steuert mit hoher Nase darauf zu, ohne sich um die Spur am Boden zu kümmern. Gerne lege ich in den nächsten Übungseinheiten gleich drei solcher kurzen Fährten und lasse sie mit kleiner Pause dazwischen abarbeiten.

Klappt das gut, beginne ich, die kurzen Fährten zu koppeln. Das bedeutet, nach der ersten kurzen Distanz findet der Hund ein Futterdepot in der Dose, gern auch mit einem Verweiserstück garniert. Von dort führt die Fährte weiter zum nächsten Depot und von dort zum Ende. Wenn ich ein Stück Schwarte/Decke oder sonstige Belohnung in der Jackentasche mitnehme, kann ich jederzeit am folgenden Depot sehr positiv aussteigen, falls ich das Gefühl haben sollte, mein Hund schafft es nicht bis ganz zum Ende.

Spult der Hund diese Art Fährte sicher ab, kann ich entweder ein weiteres Teilstück dazu nehmen (also drei Dosen mit Futter unterwegs einbauen) oder die Strecke zwischen diesen immer weiter verlängern. Ich persönlich wechsle dabei ab – mal kommt ein vierter Abschnitt dazu, mal wird die Strecke zwischen den Depots länger.

Soll es zur Prüfung gehen, wird auf mindestens der anderthalbfachen Streckenlänge der Prüfungsfährte trainiert. Habe ich die 1000 Meter Schweißprüfung anvisiert, sollte mein Hund also 1500 Meter im Training mühelos verfolgen können. In der erschwerten Praxis geht es aber oft noch viel weiter. Einen Einsatzhund muss ich daher immer mal wieder mit sehr langen Übungsfährten konfrontieren, um seine Ausdauer entsprechend aufzubauen.

Suchen ist, wie bereits häufig erwähnt, sehr anstrengend. Vergleichbar mit einem Langstreckenlauf ist das Absuchen einer sehr langen Fährte auch nur möglich, wenn für die Langstrecke gezielt trainiert wird. Dazu kann ich entweder die Fährte regelmäßig über lange Distanzen legen oder auch gelegentlich auf lange Schleppen zurückgreifen, die deutlich schneller angelegt sind.

Das Schleppstück kann ich auch mal ans Fahrrad oder Auto binden und so am Rand von Forstwegen entlangziehen. Damit der Hund bei der Suche aber nicht lernt, einfach stur bis zur nächsten Kreuzung zu laufen, bleibe ich zwischendurch stehen, löse das Schleppstück vom Fahrzeug und ziehe einen größeren Bogen durchs Unterholz. Wieder am Weg angekommen, bleibt das Material kurz liegen und ich hole mein Gefährt nach. Diese Technik sollte ich aber nur mit kleineren Schwarten- oder Deckenteilen in doch eher einsamer Gegend anwenden. Bitte auch keine Schädel oder sonstige noch nach Tier aussehenden Teile verwenden – das ist für mögliche Passanten ein unschöner, verwirrender Anblick.

Wichtig beim Training der Suchausdauer ist das Abwechseln der Fährtenlängen. Die Fährte wird nicht einfach jedes Mal länger und länger, sondern wir suchen zwischendurch auch immer wieder kürzere Strecken. So bleibt es für den Hund spannender – er weiß nicht, wo ihn das Fährtenende erwarten wird. Das Schema könnte bei einem Hund, der schon bis zu 1000 Meter sicher sucht, beispielsweise so aussehen: 500 Meter, 700 Meter, 400 Meter, 900 Meter, 700 Meter, 1000 Meter, 300 Meter, 600 Meter, 800 Meter, 500 Meter, 1000 Meter, 800 Meter, 1200 Meter.

Die Standzeit

Die Standzeit der Fährte ist das zweite Kriterium, das ich angehe, sobald mein Hund Spaß an den noch relativ kurzen, frischen Strecken entwickelt hat. Besonders beim Welpen und Junghund verändere ich besser diesen Faktor, als die Streckenlänge zu erhöhen. Begonnen habe ich mit dem Welpen mit ganz frischen Arbeiten (nahezu ohne Standzeit), bei etwas älteren Tieren mit mindestens 30 Minuten bis zu einer Stunde. Die Erfahrung zeigt, dass sowohl der Sprung auf drei Stunden als auch kurz danach auf sechs bis acht Stunden meist keine Probleme bereitet.

Diese Fährten werden an einem Tag gelegt und abgesucht. Das heißt, ich muss gleich zweimal ins Revier. Wenn ich nicht direkt an oder in diesem wohne und außer dem Hundetraining dort auch sonst nichts zu tun ist, ergibt sich so unter Umständen allein durch die Fahrzeiten ein enormer Zeitaufwand. Nach einer Hand voll solcher Arbeiten kann ich die Standzeit aber regulär schon auf 12 bis 14 Stunden über Nacht steigern. Jetzt lässt sich der tägliche Spaziergang mit dem Hund gut mit dem Fährtentraining kombinieren. Wir drehen abends noch eine Runde durchs Revier, im Anschluss wird die Fährte präpariert und früh morgens abgesucht.

Vielen Hunden merkt man nun an, dass zwischen Treten und Absuchen der Strecke reichlich Wild unterwegs war, deutlich mehr als bei einer Standzeit über den Tag. Daher ist es ratsam, bei Steigerung der Liegezeit zunächst die Streckenlänge zu kürzen und auch Ecken im Revier zu wählen, die vom Wild etwas weniger frequentiert werden.

Auf diesem Schwierigkeitsgrad bleibe ich eine ganze Weile und kümmere mich nun zunächst um weitere Themen: verschiedene Verlaufsformen der Strecke, diverse Untergründe, die Fährtentreue bei gegebenen Verleitungen und nehme auch Teile aus dem fortgeschrittenen Training mit auf. Sollte sich der Hund mit der Übernachtfährte sehr schwer tun, gehe ich für ein paar Einheiten wieder auf die Tagfährte zurück und versuche es dann erneut. Diesmal wird eine sehr kurze Fährte mit vielen Futterdepots gesucht, damit ich rasch einen positiven Ausstieg bieten kann, falls es problematisch wird.

Hat mein Hund die vorherige Trainingsstufe regelmäßig gut absolviert, erweitere ich die Standzeit auf 20 Stunden und mehr. Dazu kann ich entweder am Vortag die Fährte früher legen oder den Hund später zur Suche ansetzen. Schlussendlich sollte er alle Varietäten beherrschen, gerade im Hinblick auf die Prüfung oder den späteren Einsatz. Ich kann auf einer Schweißprüfung der erste Prüfling am frühen Morgen sein, aber auch der letzte des Tages. Bei maximal vier Hunden pro Richtergruppe sind dann drei Teams vor mir an der Reihe.

Für die Arbeit hat der Hund 90 Minuten Zeit. Hinzu kommen die Richterbesprechung, die Wege zwischen den Fährten und der wartenden Gruppe sowie kleinere Pausen, damit die Richter sich zwischen den einzelnen Arbeiten stärken können. Unter Umständen muss ich also sechs bis sieben Stunden warten, bis ich mit meinem Hund endlich Richtung Fährte aufbrechen kann. Er sollte es daher gewohnt sein, zu jeder Tageszeit seine Nase konzentriert einzusetzen. Lediglich nachts beziehungsweise bei Dunkelheit übe ich grundsätzlich nicht. Das hat mehrere Gründe: Ich kann den Fährtenverlauf nicht sehen, die Verletzungsgefahr ist hoch und in den Einsatz gehe ich bei Dunkelheit auch nicht. Für eine echte Nachsuche ist das viel zu riskant, denn ich kann nur das Umfeld im Schein meiner Taschenlampe sehen. Dickungen, in denen das gesuchte Stück eventuell liegt und uns angreift, nehme ich zu spät wahr, dem Hund schlagen ungeschützt Äste ins Gesicht und Auge und ich kann nicht zur Hatz schnallen, da der Hund in der Dunkelheit gefährliche Geländeformationen oder Totholz kaum sieht. Sollte er das Stück zu Stande gehetzt haben, könnte ich ihn auch nur sehr eingeschränkt unterstützen. Wie will ich in dunkler, womöglich fremder Umgebung nur mit dem Lichtkegel einer Lampe bei einer Bail in Bewegung entscheiden, ob bei einem Fangschuss das Gelände wirklich frei und ein Kugelfang vorhanden ist?

Im Licht der Stirnlampe ist von der Sau direkt vor dem Hund nichts zu sehen!

Es heißt Nachsuche und nicht Nachtsuche – entsprechend reicht es, wenn ich bei Tageslicht übe. Dem Hund den Spaß zu gönnen, mich nach einem erfolgreichen Abendansitz zum Reh zu führen (das ich sonst schlicht eingesammelt hätte), hat mit Nachsuchen herzlich wenig zu tun und bedarf auch keiner speziellen Übung.

TRAINING IN DER STADT

Wie bereits erwähnt, sind Fährten auf stark verdichteten, gar asphaltierten oder betonierten Untergründen nur für deutlich kürzere Zeit gut zu arbeiten. Hier steigere ich die Standzeiten eher in Halbstunden- bis Stundeneinheiten. Ich darf auch die an diesem Ort viel stärkeren Auswirkungen von Wind und Regen nicht unterschätzen.
Vorteil des Trainings im urbanen Bereich sind die nahezu überall herrschenden guten Lichtverhältnisse, auch bei Nacht. Nichts spricht dagegen, mit dem Hund im Schein von Straßenlaternen und angestrahlten Gebäuden zu arbeiten.

Der Fährtenverlauf

Die ersten kurzen Arbeiten bestehen aus einer einfachen Geraden. Diese muss aber nicht wie mit dem Lineal gezogen sein, schließlich läuft Wild auch nicht schnurgeradeaus. Schon beim Zusammennehmen der ersten kleinen Teilstücke zu einer längeren Fährte baue ich leichte Bögen ein – sowohl nach rechts als auch nach links und in Schlangenlinien. Der Hund soll sich keine Präferenz für eine Richtung angewöhnen. Auch jetzt achte ich darauf, dass mir der Wind nirgends entgegensteht.

Bei sehr ruhigen, konzentrierten Suchern kann ich beim Ausarbeiten darauf achten, dass sie absolut genau der Form folgen. Bin ich links am Baum vorbei, sollen sie sich auch für links entscheiden. Das klappt aber definitiv nur, wenn sie so langsam suchen, dass ich sie im Zweifel bremsen kann, bevor sie am Baum vorbei und wieder auf der korrekten Fährte sind.

Sehe ich meinem Hund also an, dass er sich falsch entscheiden wird, bremse ich ihn noch knapp vor dem Baum und lasse ihn erst weiter, wenn er sich korrigiert hat. Manche Hunde verstehen die Aufgabe sofort und sehen sie quasi als Herausforderung; sie bemühen sich von allein, alles ganz korrekt zu machen. Andere fühlen sich zu sehr gegängelt und verlieren zunehmend den Spaß an dieser Art

Nasenarbeit. Hier ist es meine Aufgabe, den Hund richtig zu interpretieren und entsprechend zu reagieren. Im Falle von Frustration und Verwirrung kann ich die Anforderung schlicht zurücknehmen, denn in der Praxis wäre es auch nicht elementar, ob wir nun rechts oder links vorbeigehen. Ich kann aber auch versuchen, es dem Hund im wahrsten Sinne des Wortes schmackhaft zu machen. Dazu lege ich Verweiser oder Futterdosen knapp hinter dem Baum auf die Seite der Fährte. Für die durchs Bremsen erzwungene korrekte Entscheidung gibt es damit zeitnah eine Belohnung.

Aus den Bögen werden erst stumpfe und später rechte Winkel, wie sie in den Prüfungsordnungen vorgesehen sind. In der Praxis ist hingegen alles möglich. Da kann es auch vorkommen, dass das Stück auf der Flucht kurz verhofft und dann im ganz spitzen Winkel zurück flüchtet. Alles, was der Hund später im Einsatz meistern muss, sollte ich entsprechend ins Training mit einbeziehen.

Gleiches gilt für die Anzahl der Winkel pro Fährte, die zwar auf Prüfungen vorgegeben ist, in der Praxis aber ebenfalls ganz unterschiedlich ausfällt. Hier reicht der Spielraum von „gar nicht vorhanden“, weil das beim Ansitz beschossene Stück nahezu geradeaus gerannt ist, ehe es zusammenbrach, bis hin zu „unendlich viele Winkel“ eines bei der Bewegungsjagd nur gestreiften Rehs, dem noch eine Weile jagende Hunde auf den Fersen waren.

Die mehr oder minder gerade verlaufenden Fährtenabschnitte nennen sich Schenkel. Diese sollten zu Beginn so weit voneinander entfernt sein, dass der Hund nicht zu leicht Wind bekommen und drastisch abkürzen kann. Bei ruhigen Windverhältnissen sollten 50 bis 70 Meter ausreichend sein. Später rücken die Abstände deutlich enger zusammen, bis sie zu engen Wiedergängen werden, wie sie im Bereich der Übungen für fortgeschrittene Teams beschrieben sind.

Was die Gesamtform der Fährte angeht, sind der Fantasie keine Grenzen gesetzt. Ein schlichtes L, ein U, ein offenes O, ein S, ein P, die Verkettung dieser Buchstaben, Treppenformen oder weite, offene Schlaufen sowie ganz freie Formen sind möglich. Oft wird die Form schon durch die Geländebedingungen vorgeben.

Möchte ich die Winkelarbeit intensiv trainieren – quasi als Schwerpunktthema des Tages –, muss mein Hund entweder schon relativ lange Strecken abarbeiten können oder mit nahe beieinander liegenden Schenkeln klarkommen.

Das Ziel ist das saubere Ausarbeiten der Winkel ohne abzukürzen. Je spitzer die Winkel werden, desto schwieriger wird das für den Hund. Wenn er schwungvoll sucht, ist er rasch über den Scheitelpunkt hinaus und muss dann kreisen. Manche Kandidaten korrigieren ihr Tempo in der Folge eigenständig, sodass sie den Abriss sofort bemerken und dann oft schon mit Pendelbewegungen des Kopfes und des Körpers den Fährtenverlauf wiederfinden.

Andere kann ich durch leichtes Ausbremsen vor dem Scheitel dazu bringen, diese neue Version von Winkel in Ruhe kennenzulernen. Wenn der Hund die von mir gewünschte Lösungsvariante wählt, erhält er immer eine positive Rückmeldung. Gern lege ich auch eine Futterdose oder einen Verweiser kurz nach der Schwierigkeit aus, um hier nochmal explizit zu belohnen.

Der Untergrund

Für den Anfängerhund wähle ich bevorzugt einen mit niedrigen Pflanzen dicht bewachsenen Untergrund, damit die Fährte besonders am Boden sehr intensiv wird. Der Hund wird sich hier weniger wahrscheinlich für die noch schwebenden Geruchsstoffe entscheiden. Eine auf Knöchelhöhe aufgewachsene Wiese oder der mit Moos bedeckte Waldboden ist hervorragend geeignet. Steht keines von beiden zur Verfügung, ist meine nächste Wahl ein Altholzbestand im Laubwald, da hier zumindest eine deutliche Bodenverwundung entsteht. Nadelreisig hingegen verrottet sehr viel langsamer, meist besteht dort eine dicke Schicht aus Nadeln, die unter meinem Gewicht federnd nachgibt und wenig Bodenverwundung zulässt.

Hat der Hund die Grundzüge der Fährtenarbeit verstanden, werden Fährten in jeder erdenklichen Art von Gelände gelegt. Blanker Acker, frisch abgeerntete Felder, Maisfelder, aufwachsende Wiese bis etwas über Knöchelhöhe, frisch ge-

Anfänger wie dieser Welpe sollten mit einem niedrigen Bewuchs anfangen.

Der Hund nimmt die Brombeerfläche ohne zu zögern an.

heute Flächen und auch solche nach der Ausbringung von Gülle kommen infrage. Natürlich bemühe ich mich, so wenig Schaden wie möglich anzurichten. Daher nutze ich aufgehende Saat, stehende Feldfrucht und hohe Wiesen wirklich nur dann, wenn ich einen absoluten Spezialisten heranbilde, und spreche mein Vorhaben auf jeden Fall mit dem Bauern ab.

Im Wald suchen wir auf Flächen mit Laub, Moos, Farn, Kräutern, Nadelstreu, Totholz am Boden, gehen durch Jungwuchs, Stangenholz, kämpfen uns durch Brennnesseln und Brombeeren. Ich nutze sehr trockene Ecken, aber auch solche mit Staunässe. In der Ausbildung soll mein Hund wirklich alles kennenlernen, was ihm später in der Praxis auch begegnen wird.

Wechsle ich innerhalb einer Fährte den Untergrund, kommt es zu einer drastischen Veränderung im Geruchsbild für den Hund. Er wird möglicherweise einen Moment brauchen, um sich neu zu orientieren. Je nachdem, ob die Spur auf dem neuen Untergrund schwerer oder leichter zu verfolgen ist, wird sich sein Suchverhalten ändern. Im Verlauf des Trainings zeigt sich rasch, was ihm leicht fällt und mit welchen Wechseln in der Bodenstruktur er sich schwer tut. Die für ihn schwierigen Übergänge stehen dann häufiger auf dem Übungsplan.

Diese kniffligen Passagen werden nun immer wieder in eine einfache Fährte eingebaut; so lässt sich vermeiden, dass der Hund überfordert und frustriert wird.

Neben den Untergrundwechseln im eigenen Revier ist es absolut hilfreich, den Hund auch in ganz anderen Gegenden zu trainieren. Jeder Bodentyp hat seine eigenen Gerüche und beherbergt die für ihn typische Mikroorganismen sowie eine spezielle Flora. All das macht eine Fährte in unbekanntem Terrain schon spannend und ergibt einen kleinen zusätzlichen Schwierigkeitsgrad. Je mehr Bodentypen mein Hund bereits kennt, desto leichter findet er sich beim nächsten Wechsel ein.

Betretungsverbote einhalten

Jäger dürfen in ihrem eigenen Revier im Rahmen der Jagdausübung – dazu zählt auch die Jagdgebrauchshundeausbildung – landwirtschaftliche Flächen jederzeit betreten. Für dabei angerichtete Schäden haften sie, was über die Jagdhaftpflicht auch gedeckt ist.

Abseits dieser Konstellation ist das Betreten sehr vieler Flächen, vor allem mit Hund, untersagt. Als Privatperson oder Jäger in fremdem Revier muss die Erlaubnis des Eigentümers bzw. landwirtschaftlichen Pächters eingeholt werden. Diese wiederum sind auf ein gutes Verhältnis zu ihrem Jagdpächter bedacht, der für sein Jagdrecht (häufig erheblich) bezahlt. Daher sollte dieser von Nichtjägern zusätzlich um Erlaubnis gebeten werden. Jäger hingegen brauchen zwingend nur die Erlaubnis vom Jagdausübungsberechtigten des entsprechenden Gebietes.

Ähnliches gilt im Wald. Hier kann je nach Bundesland sogar ein generelles Betretungsverbot abseits der Wege herrschen, wenn ich nicht in die Gruppe der Sonderbefugten (Forstbedienstete, Jagdausübungsberechtigte, Grundstückseigentümer usw.) gehöre. Aber selbst dort, wo ich den Wald auch mit Hund betreten darf, gelten einschränkende Regeln. So sind zum Beispiel Anpflanzungen und Naturverjüngungen tabu, von jagdlichen Einrichtungen wie Fütterungen, Kirrungen und Luderplätzen muss ich mich fernhalten. Ebenso ist es verboten, gezielt Wild aufzusuchen, zu stören oder zu verfolgen. Das bedeutet, selbst wenn ich zum Zwecke meiner Erholung meinem Hund eine Wurstwasserfährte in einem Waldstück gelegt habe, kann es zu Schwierigkeiten kommen. Wenn Dritte aus dem Anblick „Hund einer Jagdhunderasse am langen Riemen mit tiefer Nase, gefolgt von einem Menschen" auf Wilderei oder unerlaubte Nachsuche im fremden Revier schließen, gibt das möglicherweise Ärger. Es macht daher durchaus Sinn, sich vorher mit dem Jagdpächter abzusprechen oder auf den unmittelbaren Rand der offiziellen Forstwege zu beschränken, wo sich nun wirklich kein Wild (oder Jäger) gestört fühlen sollte.

Auch im urbanen Bereich gehört nicht jede frei zugängliche Fläche zum öffentlichen Raum. Ob ich nach Ladenschluss auf einem Supermarktparkplatz übe, interessiert vermutlich niemanden wirklich. Aber Betriebsgelände, auf dem womöglich Maschinen und Arbeitsmaterialien gelagert werden, sind eine andere Sache – auch hier muss ich vorher um Erlaubnis fragen. Der eine oder andere Firmenchef ist sogar froh darüber, wenn auf dem Betriebsgelände immer mal wieder jemand mit Hund zu sehen ist, Absprache vorausgesetzt!

Das Wetter

Zu schlechtes Wetter für die Fährtenarbeit gibt es nicht. Ausnahme sind selbstverständlich lebensgefährliche Umstände. Bei schwerem Gewitter sollte ich mich nicht im Freien aufhalten, der Wald ist tabu bei oder kurz nach heftigem Sturm. Bäume mit extremer Schneelast können unvermittelt brechen oder bei nicht gefrorenem Boden umstürzen.

Hohe Schneelagen machen Fährtentraining vollkommen unmöglich, geschlossene Schneedecken sollten nicht im jungfräulichen Zustand benutzt werden, da der Hund dann mit den Augen suchen kann. Extreme Hitze oder Kälte können das Training für Mensch und Hund durchaus zur Gesundheitsgefahr werden lassen.

Jede andere Wetterlage sollte mein Hund kennenlernen, beim Spaziergang und bei der Arbeit – zumindest dann, wenn ich mit ihm später in den realen Einsatz gehen will. Sicherlich kann manches Wetter sehr unangenehm für den Hund sein: Kurzes Fell, stärkerer Wind und waagerechter Eisregen machen ihm genauso wenig Freude wie mir. Haben wir allen Widrigkeiten zum Trotz das Fährtenende erreicht, sollten Begeisterung, Lob und Anerkennung deutlich intensiver ausfallen als sonst üblich. Wenn mein Hund merkt, dass ich jetzt richtig stolz auf ihn bin, ist er es auch. Solche kleinen Extremsituationen können ein Team wirklich zusammenschweißen. Zurück am Auto heißt es trocken rubbeln, warm einpacken und alles ist gut.

Finde ich selbst allerdings schlechtes Wetter ganz furchtbar und gehe nur mit dem Hund, weil es einfach sein muss, überträgt sich die miese Stimmung dabei durchaus auf den Vierbeiner. Dann muss ich mich nicht wundern, wenn er meine Einstellung auf die Fährte mitnimmt und immer weniger Elan zeigt, die Arbeit unter den gegebenen Witterungsbedingungen vorwärts zu bringen.

Training mit dem fortgeschrittenen Hund

Bisher ging es darum, dem Hund die Grundzüge der Fährtenarbeit am Riemen verständlich zu machen. Dabei habe ich gelernt, ihn zu lesen und sein Suchverhalten in einem gewissen Rahmen zu optimieren. Nun ist es an der Zeit, das Training noch abwechslungsreicher zu gestalten, damit mein Hund die Lust an der Kunstfährte nicht verliert. Außerdem warten in der Praxis diverse Schwierigkeiten auf uns, die wir sicherlich besser lösen können, wenn wir ähnliche Situationen bereits geübt haben.

Natürlich könnte ich auch einfach meine Fährten mal hier und mal dort legen und darauf hoffen, dass wir damit das meiste schon abdecken werden. Es macht aber einen deutlichen Unterschied, ob mein Hund ein einziges Mal im Verlauf einer Fährte vor ein Problem gestellt wird und wir damit irgendwie klarkommen oder ob ich die Problemstellung gezielt anbiete und der Hund sein Lösungskonzept gleich mehrfach hintereinander erproben kann. Bei der gezielt geübten Problembewältigung stellt sich ein klarer Aha-Effekt ein. Der Hund lernt bewusst, die Schwierigkeit zu erkennen, und erinnert sich viel besser an die richtige Lösung.

Bei kleineren Hunden ist das Abtragen kein Problem.

Abtragen – Abziehen

Vom Abtragen war schon im Grundaufbau die Rede. Der Hund wird abgetragen, wenn ich eine bis zu diesem Punkt korrekte Arbeit vor dem eigentlichen Ende abbrechen muss. Der Abbruch muss daher unbedingt positiv belegt sein – es darf keine Verwechslung mit einem Abbruch aufgrund fehlerhaften Verhaltens geben.

Traditionell wird der Hund beim Abtragen tatsächlich auf den Arm genommen, einige Meter von der gerechten Fährte weggetragen und dann wieder abgesetzt. Das kann je nach Konstitution von Halter und Hund sehr anstrengend und auch gefährlich für die Bandscheiben sein. Statt den Hund komplett hochzuheben, kann ich ein weniger kraftaufwändiges Ritual aufbauen: Ich greife ihn nur von vorn zwischen den Läufen an der Brust, hebe ihn an und drehe ihn aus der Fährte.

Die allermeisten Hunde jedoch schätzen Anfassen und Hochheben allgemein nicht und bei der Arbeit schon gleich gar nicht. Sie empfinden dieses Handling als übergriffig und störend. Die meisten werden stocksteif und zeigen reichlich Konfliktverhalten, wie beispielsweise Züngeln, Gähnen oder Wegdrehen des

Größere Hunde werden aus der Fährte gehoben und gedreht.

Kopfes. Manche fangen auch an zu knurren und würden fremde Menschen in dieser Situation vielleicht sogar beißen. Von einem wirklich positiven Abbruch kann hier also überhaupt keine Rede sein.

Das kann ich ändern, indem ich das Abtragen nicht überfallartig erstmalig auf einer Fährte anwende, sondern den Hund an diesen Vorgang zunächst abseits der Arbeit gewöhne. Das Abtragen wird im Vorfeld akustisch angekündigt und dann mit tollen Belohnungen verknüpft.

Ein freundlicher Aufbau sieht folgendermaßen aus: Der Hund ist mit seiner Aufmerksamkeit bei mir und befindet sich ganz in meiner Nähe. Ich gebe mein Signal (z. B. „Ende"), greife unter seine Brust, zunächst ohne ihn anzuheben, und gebe ihm dabei eine ganz tolle Futterbelohnung – er darf ein Schälchen Katzenfutter auslecken oder an einer Leberwursttube lutschen. Dann nehme ich zuerst die Schale/Tube weg und anschließend meinen Arm. Das wiederhole ich so oft, bis der Hund schon freudig erregt auf mein „Ende" reagiert. Nun fasse ich nicht mehr nur unter den Brustkorb, sondern hebe ihn kurz so weit an, dass die Vorderpfoten den Bodenkontakt verlieren – dann folgt das Futter. Hat mein Hund ein Lieblingsspielzeug, kann ich auch dieses im Anschluss noch präsentieren.

Nach dem Ausheben gibt es natürlich eine Belohnung.

Bei Übungsfährten nehme ich sowohl Futter als auch Spielzeug mit, auf echten Fährten nur das Futter. Dieses kann dann im Einsatz auch zum Genossenmachen (das bedeutet, der Hund bekommt ein Teil des gesuchten Stücks zum Fressen, quasi seinen Anteil an der gemeinsamen Beute) an Schwarzwild verwendet werden, von welchem ich meinen Hund wegen der Gefahr, sich mit dem tödlichen Aujeszky-Virus zu infizieren, nicht fressen lasse.

Möchte ich den Hund nicht nur anheben, sondern tatsächlich abtragen, brauche ich für den Anfang eine Hilfsperson, die ihn dann auf meinem Arm füttert.

So aufgebaut, in der Praxis dann angekündigt und mit viel Lob für die bisher geleistete Arbeit eingesetzt, sollte dem Hund klar sein, dass das Abtragen keine Strafe ist.

Abziehen ist ein negativ besetzter Abbruch der Fährtenarbeit und findet statt, wenn mein Hund sich bewusst gegen die Ansatzfährte entscheidet und seine selbstgewählte Spur um keinen Preis verlassen will oder sämtliche Arbeit trotz Zuspruch verweigert. Ich werde dabei keinesfalls grob, sondern führe den Hund lediglich mit einem „Schluss" ein Stück weg. Abseits der Fährte ziehe ich ihm seine Nachsucheutensilien aus und bringe ihn ohne weiteren Kommentar ins Auto oder binde ihn für eine große Pause irgendwo an, ohne mich weiter um ihn zu kümmern. Je nach Situation erhält er noch eine zweite Chance, die Arbeit wieder aufzunehmen, oder wir beenden für diesen Tag das Training bzw. übergeben die Suche einem anderen Gespann.

Halt und Ablage

Wie bei den Grundlagen bereits erwähnt, kann es notwendig werden, den Hund abliegen oder absitzen zu lassen, damit er wieder zu Atem oder allgemein zur Ruhe kommt und im Anschluss konzentriert weitersuchen kann. Das Warten muss er aber auch am Anschuss beherrschen, wenn ich diesen untersuche, oder in der Fährte, weil ich mir Pirschzeichen ansehen will, einen Schuh zubinden oder per Telefon mit der Jagdleitung etwas klären muss. Vielleicht brauchen wir auch eine Pause, weil ich am Limit bin oder unser revierkundiger Begleiter nicht ganz so fit ist. Manchmal wird ein kurzer Halt nötig, weil ich nicht so geländegängig bin wie mein Hund und mir erst einen Weg suchen muss. Ein anderes Mal hat er den Riemen beim Bögeln und Kreisen so sehr um Äste und Bäume geschlungen, dass ich diesen nur entwirren kann, wenn der Hund nicht zeitgleich weitere Bäume und Büsche damit einwickelt. Auch am Stück muss ich ihn später sicher parken können, ohne dass er anschneiden will oder irgendwelche Bergehelfer attackiert.

PRÜFUNGSFACH: VERHALTEN GEGENÜBER FREMDEN

Bei manchen Rassen wird dieses Fach noch geprüft und die höchste Punktzahl bekommt jener Hund, der allein am Stück abgelegt abwehrend reagiert – also gegen die fremde Person knurrt, bellt und im Zweifel auch die Distanz verkürzt, um seine Zähne einzusetzen. Der Wunsch nach diesem Verhalten stammt aus einer Zeit, in der noch viele Menschen aus purem Hunger gewildert und sich ein totes Stück Wild angeeignet haben, während der Jäger den Abtransport organisierte. Der zurückgelassene Hund hat die Beute scharf bewacht und so den Diebstahl verhindert.
In der heutigen Zeit muss ich kaum damit rechnen, dass jemand mein Wild entwenden will. Und falls es tatsächlich jemand versucht und dabei von meinem Hund verletzt wird, wird er kaum aussagen, dass er eine Straftat (Diebstahl) begehen wollte. Vielmehr wird es so aussehen, als ob mein Hund hinterhältig einen harmlosen Passanten angegriffen hat. Damit droht meinem Hund Leinen- und Maulkorbzwang, was das Ende für seine Karriere als Jagdhund bedeutet.
Zum Bestehen dieser Prüfungen reicht es daher heute völlig aus, wenn der Hund freundlich-neutral auf den Fremden reagiert. Allenfalls übe ich das Melden, wenn sich jemand auffällig zögerlich nähert (wie der Richter in der Prüfung), der Hund aber sofort wieder Ruhe gibt, sobald sich die Person abwendet. Nach der Übung lasse ich den Hund zum Helfer; dieser macht sich freundlich bekannt, verteilt Leckerchen und spielt mit dem Hund. Das Ganze ist dann eher Schauspiel als echte Verteidigungsbereitschaft. Für einen vernünftigen Aufbau dieser „Show“ wendet man sich am besten an einen Richter des Zuchtvereins, der genau weiß, was gewünscht ist und was nicht. Autodidaktisch nach einer Beschreibung in einem Buch vorzugehen, kann das Ganze gefährlich schiefgehen lassen. Daher verzichte ich hier auf weitere Erläuterungen.

Der BGS steht entspannt am gefundenen Stück, somit besteht keine Gefahr für den sich nähernden Schützen.

Das „Halt" kann ich mit verschiedenen Übungen abseits der Fährte aufbauen. Ein sehr sinnvoller Ansatz besteht darin, das Signal in Verbindung mit einem Verhaltensabbruch zu bringen, denn anhalten und dann auch stehen bleiben ist ziemlich schwierig. Die meisten Hunde haben gern einen immer länger werdenden „Bremsweg", bis sie überhaupt stehen, und laufen dann auch schnell wieder los in Richtung ihres ursprünglichen Ziels. Ist das „Halt" aber mit einem gewissen Frust gekoppelt, fällt es dem Hund leichter, das Anhalten und Stehenbleiben umzusetzen.

Der hier angebrachte Frust lässt sich leicht und ohne grob zu werden erzeugen. Ich setze dazu den Hund ca. 15 Meter entfernt ab. Dann zeige ich ihm ein begehrtes Leckerchen, lasse dieses neben meinen Fuß fallen und geben den

Der Hund sitzt, während die Hundeführerin das Leckerchen für ihn gut sichtbar hält (a). Das Leckerchen wurde fallen gelassen und der Hund kommt (b).

Hund mit „Okay" frei. Er läuft auf mich zu und ich gebe das neue Signal „Halt". Da er es noch nicht kennt, würde er ziemlich sicher unbeeindruckt weiterlaufen, daher koppel ich direkt ein schon bekanntes „Sitz!" hinten an. Sollte mein Hund nicht anhalten, stelle ich meinen Fuß auf den Keks und sage „Schade". Ich hebe das Leckerchen auf, nehme den Hund und bringe ihn zurück in die Startposition. Nun darf er es erneut versuchen. Wichtig ist dabei, dass ich wirklich **erst** das neue Signal gebe und **danach** den Fuß bewege. Wird hier unsauber gearbeitet, lernt der Hund die Fußbewegung als Sichtzeichen, aber nicht mein Hörzeichen. Daher sind auch alle anderen körpersprachlichen Hilfen (z. B. eine flach entgegengestreckte Hand oder ein Fingerzeig) zu unterlassen, denn diese kann der Hund ja später auch nicht sehen, wenn er vor mir am Riemen arbeitet.

Es folgt ein überraschendes „Halt"; der Hund stoppt (c) und setzt sich (d). Nun wird er mit einem zugeworfenen Leckerchen belohnt.

Manche Hunde stoppen schon beim zweiten Durchgang, wenn sie das „Halt" hören, noch bevor das „Sitz!" folgt, andere brauchen mehr Wiederholungen. Hält mein Hund an, lobe ich ihn sofort und werfe ihm einen Keks zu oder auch hinter ihn. So unterbinde ich die Tendenz, langsam weiter nach vorn zu schleichen.

Jetzt kann ich das „Halt" auch am Riemen abfragen, wenn der Hund gerade sehr sicher arbeitet. Das Signal „Halt" ertönt und mit etwas Glück bleibt er sofort stehen (ein Sitz verlange ich nicht zwingend) – ansonsten bremse ich ihn am Riemen bis zum Stillstand. Nun soll er bitte wirklich selbst stehen und sich nicht in den Riemen hängen. Steht er ausbalanciert auf seinen Pfoten, ohne dass ich ihn an der Leine festhalten muss, gibt es ein „Okay" und er darf weiterarbeiten.

Hängt er hingegen im gespannten Riemen, wiederhole ich mein „Halt" und gebe kleine Paraden über die Leine. Dazu lasse ich diese minimal nach und ziehe wieder zurück, immer wieder und in rascher Folge. Es reicht völlig, dafür die Finger der Hand auf- und zuzumachen – das sind keinesfalls Leinenrucke! Mein Hund soll weder einen Schritt vor noch rückwärts machen, um den Paraden auszuweichen, sie sollen ihm auch nicht wehtun. Es soll schlicht unbequem werden, sich gemütlich ins Geschirr oder die Halsung zu lehnen. Wenn der Hund ordentlich steht, geht es mit „Okay" weiter. Nach und nach dehne ich die Zeit

Parade mit Fingern leicht offen (a) und Parade mit geschlossenen Fingern (b).

des Anhaltens aus und nutze sie, um an meiner Ausrüstung etwas zu richten, mit dem Handy oder Ortungsgerät zu hantieren, zum stehenden Hund nach vorn zu gehen und mir mögliche Pirschzeichen anzusehen.

Ist absehbar, dass mein Hund länger warten soll, lege oder setze ich ihn ab. Das macht zum Beispiel Sinn bei der Untersuchung des Anschusses, für eine Pause oder wenn wir am Stück angekommen sind. Das lange Warten wird deutlich ruhiger und entspannter, wenn es zusätzlich an ein Ritual gekoppelt ist. So kann ich beispielsweise immer meinen Rucksack zum Hund stellen oder ihn auf meiner Jacke ablegen. Dieses Ritual wird auch außerhalb der Suche eingeübt: beim Ansitz, wenn wir im Alltag irgendwo einkehren oder zu Besuch sind.

Das Verweisen

Gar nicht so selten kommt es vor, dass ich auch nach einem guten Schuss erst einmal keine Pirschzeichen im Anschussbereich entdecken kann. Ein paar Haare, winzige Stückchen Wildbret oder wenige Tropfen Schweiß verschwinden für das Auge leicht zwischen Blättern, Nadeln und Bewuchs. Habe ich vielleicht

Der BGS verweist.

doch gefehlt? Nun ist mein Hund gefragt. Er nimmt die feinen Partikel mit seiner Nase gut wahr und kann sie mir zeigen. Je nachdem, was wir finden und auf welchem Leistungsstand mein Hund ist, kann ich dann mit der Suche beginnen oder muss ein erfahreneres Gespann rufen, welches die Suche leistet oder den Fehlschuss bestätigt.

Das Pirschzeichen, in dem Fall ein Schwartenfetzen, kann man an einem Holz befestigen, damit es der Hund nicht auffressen kann.

Damit ich überhaupt eine Chance habe, die kleinen Pirschzeichen zu sehen, die mein Hund mit seiner Nase erfasst hat, muss er diese vernünftig verweisen. Er bleibt also stehen und beschnüffelt einen Moment lang genau die Stelle, an der etwas intensiv riecht. Nun kann ich herantreten und die Stelle untersuchen. Finde ich immer noch nichts, sollte mein Hund auf „Zeige mir" noch einmal mit seiner Nase genau auf den interessanten Punkt deuten.

Manche Exemplare verweisen von Natur aus schon sehr eindeutig, andere halten sich damit erst gar nicht lange auf und stürmen gleich in die Fährte. Wenn ich das Verweisen verfeinern möchte, muss ich es ganz gezielt trainieren. Dieses Training gehe ich getrennt von der Fährtenarbeit an. Da viele Hunde die Pirschzeichen gern auffressen, sichere ich diese vorerst gegen den unerwünschten Zugriff. Ich kann sie in die bereits beschriebenen Madendöschen legen, ein Stück Decke an ein größeres Holz tackern, nur ein größeres Büschel Schnitthaar platzieren oder ein kleines Tropfbett anlegen.

Oftmals wird auch die Verwendung größerer Pirschzeichen empfohlen, weil der Hund diese nicht so schnell herunterschlucken kann. Damit habe ich zwar bessere Chancen, die im Maul befindlichen Brocken wieder herauszufischen, für meinen Hund ist das allerdings kein angenehmer Vorgang. Viele schlucken dann in Zukunft lieber hastig ab oder stellen das Verweisen komplett ein, um den Ärger zu vermeiden. Also nutze ich gleich einen Übungsaufbau, bei dem wir gar nicht erst in diesen Konflikt geraten. Für ein optimales Training empfehle ich, zumindest für diesen Teil des Fährtentrainings mit einem Marker zu arbeiten, wie im Kasten beschrieben.

MARKERTRAINING FÜR EINDEUTIGE INFORMATION

Mein Training wird deutlich effektiver, wenn ich dem Hund präzise mitteile, wann genau er etwas gut gemacht hat. Für eine sichere Verknüpfung des gezeigten und von mir gewünschten Verhaltens mit einer Belohnung habe ich maximal 0,5 Sekunden Zeit. Das ist verdammt knapp, um ein Leckerchen aus meiner Tasche ins Hundemaul zu bekommen. Und selbst wenn ich den richtigen Zeitpunkt mit irgendwelchen (auch in anderen Zusammenhängen genutzten) Lobworten erwische, bleibt es schwammig. Viel eindeutiger wird es, wenn ich ein spezielles Lobwort (das sogenannte Markersignal) einsetze, das immer bedeutet „Super! Gleich bekommst du etwas Leckeres von mir!". Hierzu verwende ich ein kurzes Wort oder eine Silbe und vor allem etwas, das im normalen Sprachgebrauch nicht vorkommt, „Jeap" beispielsweise. Die Bedeutung des „Jeap" ist schnell verknüpft: Zehnmal ein Leckerchen mit diesem Geräusch gegeben und mein Hund erwartet beim elften bereits sicher weiteres Futter. In einer klaren Trainingssituation, wie der Übung des Verweisens, ist das präzisere Timing sehr hilfreich.

In vielen anderen Situationen, besonders bei der Fährtenarbeit, hat mein Hund kaum Interesse an Futter. Damit taugt es dann auch nicht als Belohnung und ich kann mir mein „Jeap" sparen. Hier ist meist das „Weiterarbeiten dürfen" die wirksamere Belohnung. Trotzdem kann ich auch in diesem Fall eindeutig agieren, indem ich das gewünschte Verhalten mit „Okay" quittiere (wenn er sich beispielsweise in einer Wahlsituation richtig entschieden hat) und ihn dann weitersuchen lasse. Szenarien hierfür wären: auf der richtigen Seite um ein Hindernis laufen, nach kurzer Anzeige einer Verleitung der Ansatzfährte weiter folgen und Ähnliches.

Möchte ich hingegen keine spezielle Leistung hervorheben, sondern meinen Hund nur allgemein für seine Bemühungen loben und ihn stimmlich motivieren, kommen das im Alltag übliche Loben zum Einsatz, wie „Gut gemacht", „Feiner Hund" und Ähnliches.

Das schon mehrfach erwähnte „Schade" ist ein klarer Hinweis auf „Das war es nicht, das kannst du lassen", weil danach niemals eine Belohnung oder ein Lob folgt und falsches Verhalten von mir gegebenenfalls sogar gestoppt wird. Der Hund bleibt dabei aber motiviert, einen anderen Lösungsweg zu finden und sich zu verbessern.

Die erste Übung zum Verweisen beginnt damit, dass ich ein gesichertes Pirschzeichen zwischen mir und meinem Hund ablege. Das allein wird ihn schon neugierig machen und der Geruch nach Wild zieht ihn vermutlich noch mehr an. Sobald er mit seiner Nase ganz nah an der Dose ist, sage ich mein Markerwort und reiche ihm eine Futterbelohnung. Ziemlich sicher wird er sich im Anschluss direkt wieder dem spannenden Geruch zuwenden. Sofort gibt es wieder den Marker und das Futter.

Der Grundstein ist auf diese Weise schnell gelegt, jetzt soll die Dauer des Verweisens erhöht werden. Abseits einer Fährte kann sich sogar ein intrinsischer Sucher damit anfreunden. Wenn also bisher mein Markersignal direkt bei Kontakt der Nase mit der Dose erfolgte, zögere ich das Markern nun ganz langsam hinaus. Schnüffelt mein Hund an der Dose, warte ich eine Sekunde, dann folgen Markerwort und Belohnung. Ich markiere aber immer nur, solange der Hund mit der Nase noch direkt am Geruch ist – nicht, wenn der Hund sich mir bereits wieder zuwendet. Hat er sich zu früh umgedreht, kommentiere ich das mit „Schade", sammle die Dose kurz ein und wir starten einen neuen Versuch. Insgesamt muss ich aber so schnell sein, dass mein Hund häufiger die Chance hat zu „gewinnen" als zu „verlieren".

Wenn er die Dose schön ausgiebig anzeigt, beginne ich damit, sie leicht zu verstecken. Der Hund darf das Behältnis jetzt frei suchen und anzeigen. Damit er nicht aus Versehen lernt, einfach irgendwelche Plastikdöschen anzuzeigen, wechsle ich auch mit freien Verstecken ab, aus welchen er das Verweiserstück aber nicht hervorholen kann. Geeignet sind tiefe Ritzen im Holz, eingeklemmt unter einem schweren Stein und Ähnliches.

Versucht der Hund trotzdem, das Beutestück mit seinen Zähnen zu erreichen und zu fressen, breche ich mit „Schade" ab und nehme ihn zurück. Bietet er regelmäßig eine eindeutige Anzeige an, verknüpfe ich dieses Verhalten mit einem Signal wie „Zeige mir". Mit diesem kann ich mir später ein Pirschzeichen erneut zeigen lassen, wenn ich nicht zeitnah beim verweisenden Hund ankomme. Erst wenn er sicher anzeigt und wirklich keinen Versuch mehr unternimmt, sich den Brocken einzuverleiben, lege ich ungeschützte Verweiser aus.

Jetzt kann ich immer schwierigere Suchaufgabe stellen, die ausgelegten Brocken werden immer kleiner. Wenn Hunde konzentriert danach suchen, können sie auch einzelne Schweißspritzer oder wenige Risshaare wahrnehmen und verweisen. Da sich Pirschzeichen nicht nur am Boden finden, deponiere ich sie auch in verschiedenen Höhen – aber immer so, dass der Hund sie im Stehen mit der Nase noch erreichen kann. Ich klemme Haare in die schuppige Borke von Nadel-

Der Hund zeigt mit seiner Nase die Haare – jetzt markern!

Der Hund ist schon wieder weg – zu spät zum Markern.

Hier verweist der Hund Wildbretfetzen.

bäumen, klebe Wildbretfetzen an die Rinde von Jungwuchs, tropfe Schweiß auf Brombeerblätter und so weiter. Solche Übungen zum Verweisen können sogar zu Hause in der Wohnung stattfinden, indem ich ein Büschelchen Haare in ein Stück Wellpappe gebe und dieses dann beliebig verstecke: zwischen Büchern, unterm Stuhlbein, in der Couchritze. Damit entsteht eine schöne Möglichkeit, den Hund auch dann geistig zu fordern, wenn ich ausnahmsweise weniger Zeit für ihn habe.

Sollte mein Hund sich für die Dosen mit den Verweiserbrocken nicht wirklich interessieren oder sich immer so schnell abwenden, dass ich die Anzeigedauer nicht erhöhen kann, versuche ich, sein Interesse zu steigern. Dazu packe ich zusätzlich auch die Futterbelohnung in die Dose und lasse ihn nach erfolgter Anzeige aus dieser fressen (nachdem ich das Pirschzeichen entnommen habe!). Haben wir ein solides Verweisen solcher doppelt bestückter Dosen erarbeitet, kommt das Futter nicht mehr hinein, sondern wird wieder separat direkt an der Dose gefüttert.

Stückidentisches Verweisen

Nachdem mein Hund nun das reine Verweisen beherrscht, soll er jetzt lernen, nur noch die Pirschzeichen anzuzeigen, die auch zu seiner Fährte gehören. Dazu muss er jedoch differenzieren können. Ich kann die Unterscheidung auf die identische Art beschränken, wenn ich keine Suchen nach Bewegungsjagden leisten will. Bei der Ansitzjagd ist es eher unwahrscheinlich, dass wir im Rahmen einer Suche über „falsche“ Pirschzeichen stolpern.

Natürlich kann ich auch darauf bauen, dass mein Hund nach der Prüfung derart viele Einsätze haben wird, dass er diese Differenzierung ganz schnell lernt. Wer tatsächlich so viele Suchen zu erwarten hat, steht aber schon lange und intensiv im Dienst der Nachsuche und liest eher kein Buch zur Ausbildung oder um seinen Hund nebenher noch auszulasten.

Für die Nasenleistung des Hundes ist die Unterscheidung auch innerhalb einer Art jedoch ganz sicher kein Hexenwerk – das beweisen die Mantrailer eindrücklich. Warum also nicht auch dieses Thema in das Fährtentraining integrieren, um weitere spannende Aufgaben zu schaffen?

Für den Anfang lege ich die zu den Schalen passenden Verweiser genau auf die Fährte, die anderen vom „falschen" Stück etwa einen halben Meter daneben. Damit der Start leicht fällt, lege ich die Fährte mit der Lieblingswildart meines Hundes und nehme für die verkehrten Pirschzeichen eine andere Art. Zeigt mir mein Hund auf der Suche ein richtiges Pirschzeichen, folgen Marker und Belohnung (der intrinsische Sucher darf zügig weitersuchen). Zeigt er mir jedoch ein falsches Zeichen genauso eindeutig an, ignoriere ich ihn und warte, bis er die Fährte wieder aufnimmt – was ich sofort lobe. Wichtig ist, dass ich in der nächsten Übungseinheit genau die Wildart verwende, deren Pirschzeichen mein Hund eben noch ignorieren sollte. Er soll ja lediglich lernen, die Gerüche von Fährte und Verweiser abzugleichen und damit nur korrekte Kombinationen anzuzeigen. Er soll auf keinen Fall auf die Idee kommen, die Anzeige bestimmter Wildarten sei nicht erwünscht!

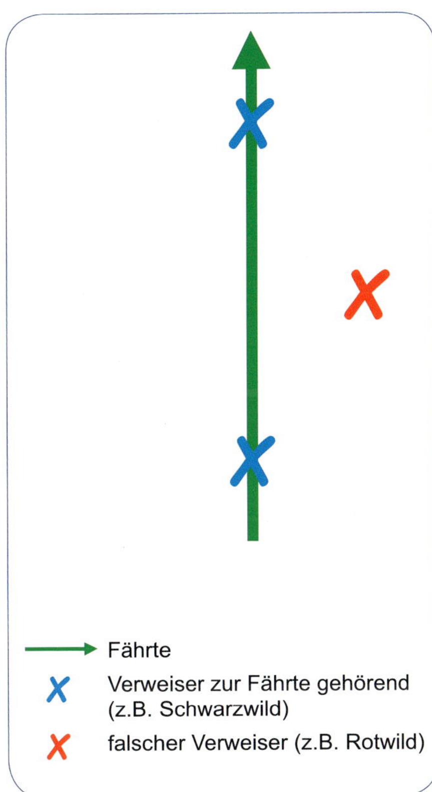

Richtige Verweiser auf und falscher neben der Fährte

Sobald der beschriebene Aufbau sicher funktioniert, kann ich den Schwierigkeitsgrad schrittweise erhöhen. Zunächst liegen die falschen Pirschzeichen immer näher an der Trittfährte, bis sie schließlich direkt darauf zu finden sind. Lässt mein Hund sich auch damit nicht mehr verleiten, bringe ich die gleiche Wildart ins Spiel. Jetzt liegen die verkehrten Pirschzeichen aber erst einmal wieder einen halben Meter abseits. Ideal wäre hier die Nutzung deutlich unterschiedlicher

Individuen, wie Bache und Frischling aus verschiedenen Rotten oder Hirsch und Kalb aus unterschiedlichen Rudeln. Für das fortgeschrittene Training wird es richtig spannend, wenn zwei Frischlinge einer Bache oder zwei Überläufer einer Rotte zu unterscheiden sind.

ALTERNATIVEN

Auf der Fährte mit Lebensmittelaromen kann ich kleine, mit dem Geruchsstoff getränkte Zellstoffstückchen auslegen, die der Hund anzeigen soll. Auch hier kann die Anzeige erst mit den Dosen aufgebaut und so verhindert werden, dass die gut riechenden Teile einfach im Maul verschwinden. Bei der Geruchsunterscheidung könnte ich als schwierigste Variante verschiedene Hersteller von Bockwurst im Glas unterscheiden lassen. Der Hund einer Trainerkollegin hat für das Firmenjubiläum eines Mineralwasserproduzenten gelernt, verschiedene Mineralwassersorten zu unterscheiden und nur das dieser Firma anzuzeigen. Da sollten Würzmischungen ebenfalls problemlos differenzierbar sein.

Der Hund verweist Zellstoff, der mit dem Geruch seiner Fährte getränkt ist.

Vorsuche

Auf Anschuss

Bisher habe ich meinen Hund immer relativ nah an den versteckten Verweiser herangeführt. Das ist in etwa so, als würde er beim Absuchen einer Fährte darüber stolpern oder ich den genauen Anschussbereich kennen. In der Praxis kommt es aber häufig vor, dass mir ein Schütze nur ungefähr sagen kann, wo das Wild bei der Schussabgabe stand oder lief. Schon bei Schussentfernungen unter 50 Meter kann man sich, besonders bei Wild in Bewegung oder in der Dämmerung, leicht um bis zu 10 Meter verschätzen. Je weiter die Distanz, desto größer wird dieses Feld. In der erschwerten Schweißprüfung wird ein Vorsuchequadrat von 30 x 30 Meter angelegt, innerhalb dessen der Anschuss zu finden ist.

Auf Pirschzeichen

Ich muss mit meinem Hund also üben, auch größere Flächen intensiv nach Pirschzeichen (oder einer Krankfährte) abzusuchen. Am Anfang werfe ich dazu mehrere größere Brocken an vorher markierten Stellen mit mindestens 20 Meter Abstand zueinander aus. Ich gehe absichtlich nicht ganz bis zur Markierung, damit der Hund sich nicht an meiner Trittfährte orientieren kann. Er soll sich in dieser Übung völlig auf die Suche nach dem Wildgeruch konzentrieren.

Nun warte ich noch mindestens eine halbe Stunde, damit sich der Geruch der Wildteile gut auf der Fläche verbreiten kann. Dann nehme ich den Hund an den Riemen auf halber Länge und gehe in immer enger werdenden Kreisen um den ersten Brocken, bis mein Hund anzeigt, dass er Witterung davon hat. Ich lasse mich von ihm dorthin führen und mir das Fundstück zeigen, markere und belohne das Wunschverhalten. Danach geht es weiter zum nächsten Brocken, der genauso umkreist und dann angelaufen wird.

Das Trassierband markiert die Ecken eines Vorsuchequadrates.

Die Vorsuche erfolgt am halblangen Riemen.

Wenn das Verweisen allerdings mit einer folgenden Fährte verbunden ist, lasse ich im Verlauf der Trainings immer häufiger den Marker samt Futter weg, lobe nur und lasse den Hund zur Belohnung weiter suchen – ganz besonders, wenn es sich um einen intrinsischen Sucher handelt.

Auf die Fährte

In der Praxis gibt es natürlich keinen Anschuss ohne anschließende Krankfährte. Stoßen wir direkt auf diese (ohne den Anschuss zuvor inspiziert zu haben), sollte mein Hund sie selbstverständlich anzeigen und in die richtige Richtung verfolgen wollen. Für eine intensive Übungseinheit trete ich eine längere (300 bis 400 Meter), sehr engmaschig markierte Fährte, damit ich immer genau weiß, wo sie verläuft – ganz gleich, von welcher Seite ich komme. Am Ende liegen wie immer die verwendeten Schalen und Belohnungen wie Hetzangel und Futter.

Das Alter der Fährte sollte in den ersten Einheiten drei bis sechs Stunden betragen, später dann dem aktuellen Trainingsstand des Hundes entsprechen. Nun gehe ich langsam mit dem Hund am halblangen Riemen in einem stumpfen Winkel von 135° auf einen Punkt etwa 50 Meter vor Ende der Fährte zu. Ich achte ganz genau auf seine Reaktion, wenn wir die Spur erreichen. Sehr wahrscheinlich wird er stutzen, sich orientieren und die Fährte anfallen.

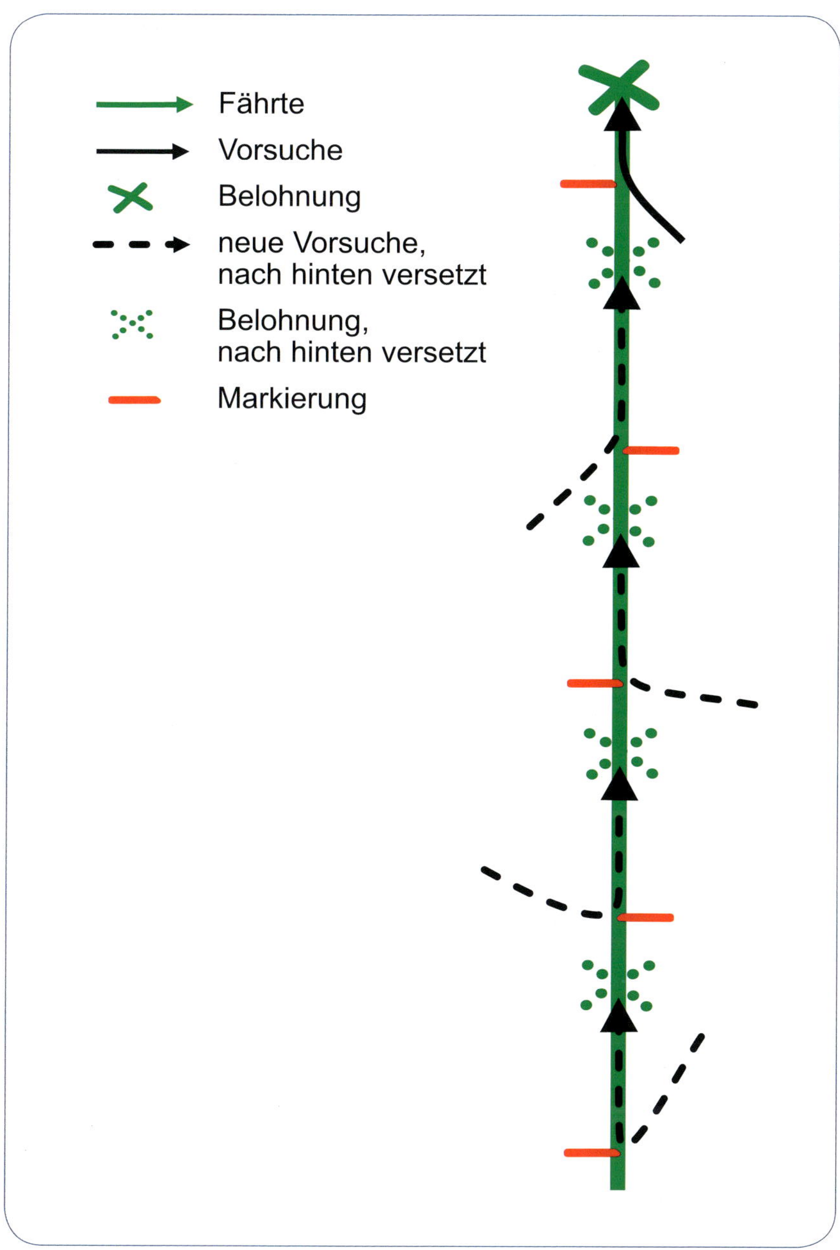

Vorsuche auf die Fährte in verschiedenen Winkeln

Sobald er sich für die richtige Richtung entschieden hat (durch den flachen Winkel habe ich die Wahrscheinlichkeit deutlich erhöht), folgen mein Lob und die Freigabe nach vorn. Schnell sind wir am Ende angekommen, wo die große Belohnung folgt. Nun bringe ich den Hund zurück ins Auto und lege die Schalen samt Belohnungsmaterial an den Punkt, wo wir eben die Fährte aufgenommen haben. Dann gehen wir die Fährte wieder mit einem flachen Winkel an, diesmal aber von der anderen Seite kommend. Danach versetze ich erneut das Ende und wiederhole den Vorgang, bis ich die ganze Strecke ausgenutzt habe. Klappt es mit den flachen Winkeln, laufe ich die Fährte lotrecht an und später auch im spitzen 45°-Winkel.

Wiederholte Vorsuche versus Rückwärtssuche zum Anschuss

Eigentlich sollte sich ein geübter Hund immer für die richtige Fluchtrichtung entscheiden. Starte ich eine Suche von einem Anschuss aus, habe ich im Normalfall die mehr oder minder korrekten Angaben des Schützen – hier kann ich noch selbst mitdenken und einschätzen, ob die eingeschlagene Richtung stimmen kann. Auch wenn wir zurückgreifen, erkenne ich unsere bereits abgesuchte Fährte anhand meiner Markierungen oder GPS-Aufzeichnungen. Doch wenn ich zu einer Krankfährte gerufen werde, bei der ein Durchgeher auf einer Bewegungsjagd nur Pirschzeichen gefunden, aber niemand das Tier auf der Flucht beobachtet hat, bin ich darauf angewiesen, dass mein Hund sich richtig entscheidet. Andernfalls verlieren wir unter Umständen viel Zeit auf dem Weg zum Schützenstand statt zum Wild.

Eine gezielte Rückwärtssuche zur Klärung, wer geschossen, dies aber nicht gemeldet hat, mache ich daher auch nur mit einem äußerst praxiserfahrenen Hund, den ich mit dieser Arbeit nicht verwirre. Entsprechend lasse ich mich von meinem jungen, unerfahrenen Hund auch nicht auf der gefundenen Fährte zu dem noch nicht entdeckten Anschuss zurückführen. Um diesen zu finden, orientiere ich mich entweder allein rückwärts (der Hund ist für diese Zeit auf der Fährte abgelegt) oder trage mit Lob und Belohnung ab und kreise erneut. Dabei markiere ich jede Stelle mit einem Bändel, an der er mir die Fährte anzeigt, und kann so vermutlich den Anschuss recht bald begutachten.

Im weiteren Verlauf sehe ich, ob mein Hund fährtentreu arbeitet. Bei dieser Aktion muss ich aber sehr gut im Auge behalten, in welchem Maß den Hund das „Noch nicht suchen dürfen“ frustriert. Möchte ich so verfahren, übe ich dieses wiederholte Abtragen von der gefundenen Fährte natürlich vorher ausreichend. Keinesfalls darf mein Hund glauben, er solle die Fährte gar nicht verfolgen.

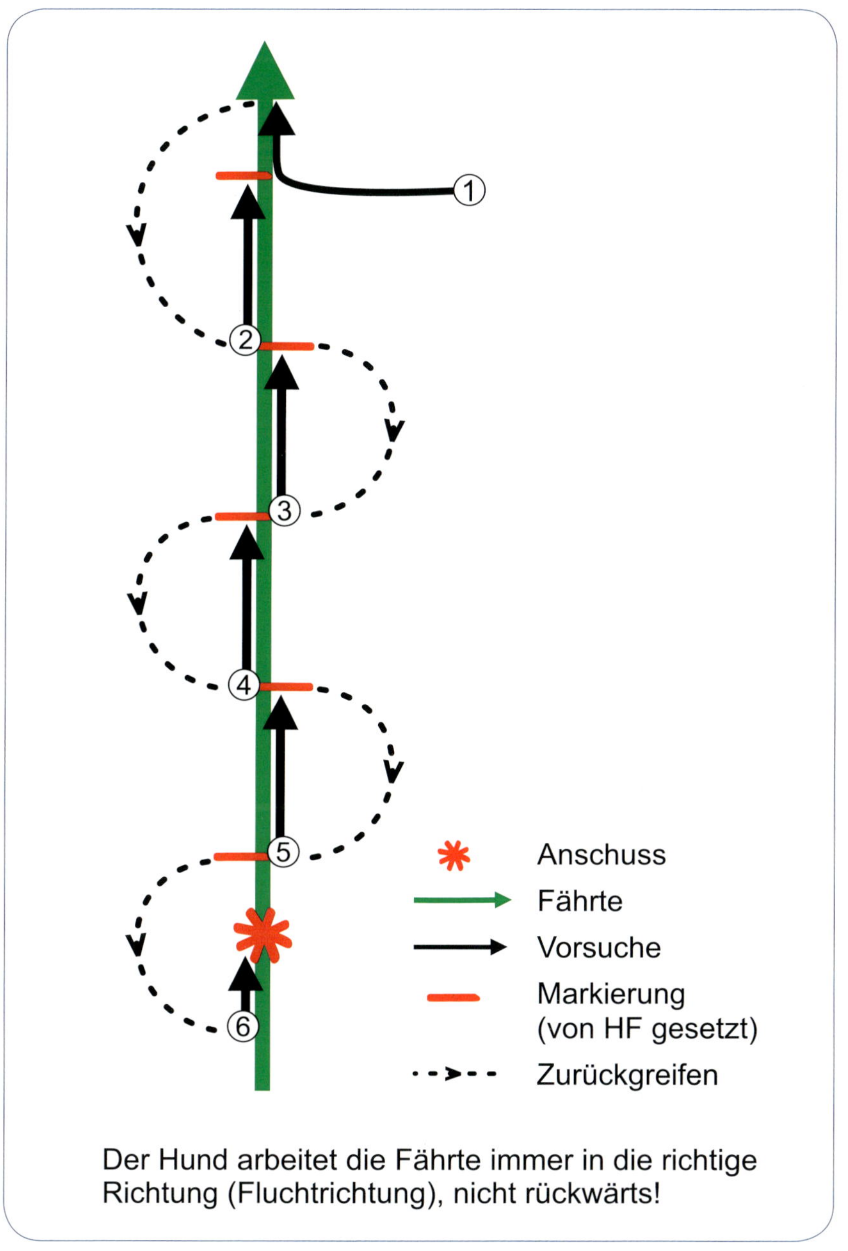

Durch wiederholte Vorsuche geht es rückwärts zum Anschuss.

Systematische Vorsuche im Anschussbereich

Es gibt verschiedene Möglichkeiten, den Bereich des Anschusses in der Praxis oder Prüfung gezielt abzusuchen. In der Prüfung sind die Ecken schon markiert, in der Praxis muss ich mir selbst gut merken, wie weiträumig ich auf jeden Fall gehen muss. Es spricht auch nichts dagegen, sich dieses Gebiet selbst mit Bändeln zu markieren. Die Seite gegenüber zur angegebenen Fluchtrichtung betrachte ich als Grundseite, von welcher aus ich mich nun orientiere.

■ Mäandernde Suche von der Grundseite Richtung angegebene Flucht

Ich starte auf der linken oder rechten unteren Ecke und gehe bis zur anderen Ecke der Grundlinie vor, mache einen kleinen Bogen Richtung Fluchtfährte und kehre nun 1 bis 2 Meter parallel versetzt wieder zurück. So treffe ich entweder auf den Anschuss oder knapp dahinter auf die Fährte. Vermutlich bin ich dann dem Anschuss noch so nah, dass ich ihn entweder selbst optisch wahrnehmen oder der Hund ihn geruchlich noch erfassen kann.

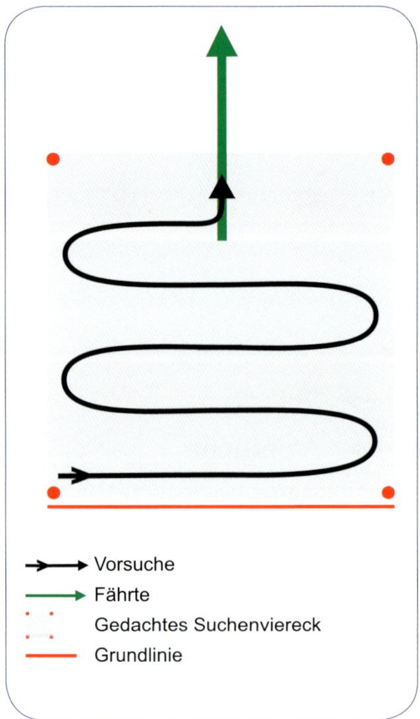

Mäandernde Vorsuche von der Grundlinie

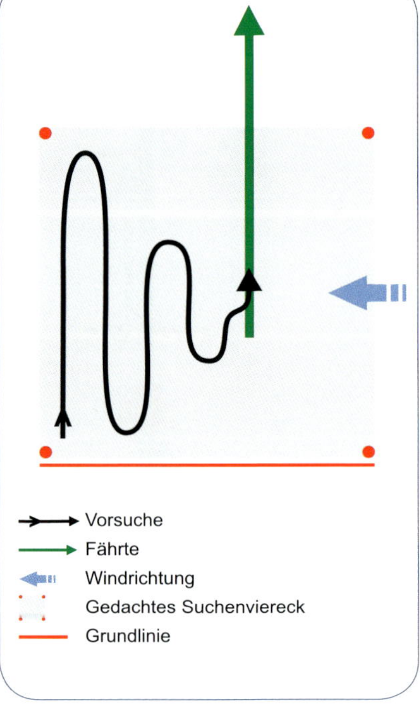

Mäandernde Vorsuche gegen den Wind

Mäandernde Suche gegen den Wind

Der Ablauf ist im Prinzip derselbe wie zuvor beschrieben. Hier beginne ich jedoch nicht zwingend an der Grundseite, sondern orientiere mich an der gerade vorherrschenden Windrichtung. Kommt der Wind von links, starte ich an der rechten Seite des Vierecks (oder umgekehrt). So wird dem Hund wahrscheinlich die Witterung von Anschuss oder Fährte früh zugeweht und wir finden auf diese Weise etwas schneller unseren Fährtenbeginn.

Suche über die Diagonale

Mit dieser Technik finde ich die Fährte ebenfalls sehr schnell, verfehle aber womöglich den Anschuss. Will ich diesen noch finden, muss ich mit meinem Hund die beschriebenen Techniken intensiv geübt haben. Start der Vorsuche ist eine der Ecken an der Grundlinie, zum Beispiel rechts. Von dort geht es diagonal durch das Quadrat auf die obere linke Ecke. Haben wir auf diesem Weg weder Anschuss noch Fährte gefunden, kann sich beides nur noch im oberen Dreieck befinden. Nun geht es parallel zur oberen Linie in die andere obere Ecke. Auf dieser Strecke muss auf jeden Fall die Fährte zu finden sein. Dieser kann ich nun entweder folgen oder rückwärts noch den Anschuss suchen.

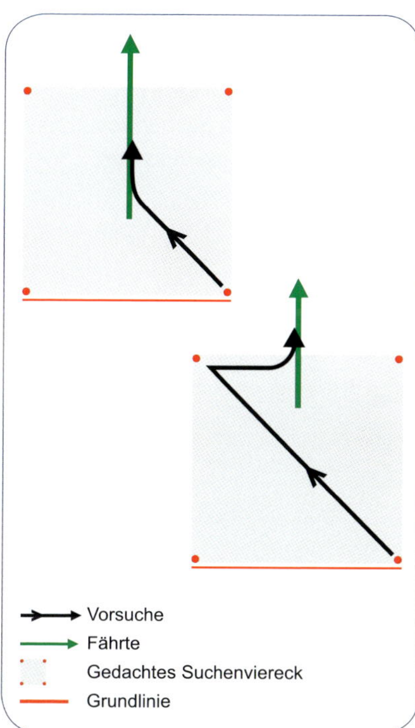

Vorsuche über die Diagonale

Suche in größer werdenden Kreisen

Hier orientiere ich mich zuerst am Wind. Kommt dieser von der linken oder rechten Seite, starte ich von der Mitte der Grundlinie und gehe direkt ins Zentrum des Quadrates. Dabei achte ich nicht nur darauf, ob mein Hund den Anschuss verweist oder die Fährte anfällt, sondern auch, ob er durch den Wind von der Seite Witterung zugetragen bekommt. Zieht er in den Wind an, folge ich ihm natürlich. Kommt der Wind von vorn – also aus der Fluchtrichtung – oder von hinten, starte ich in der Mitte einer Seitenlinie.

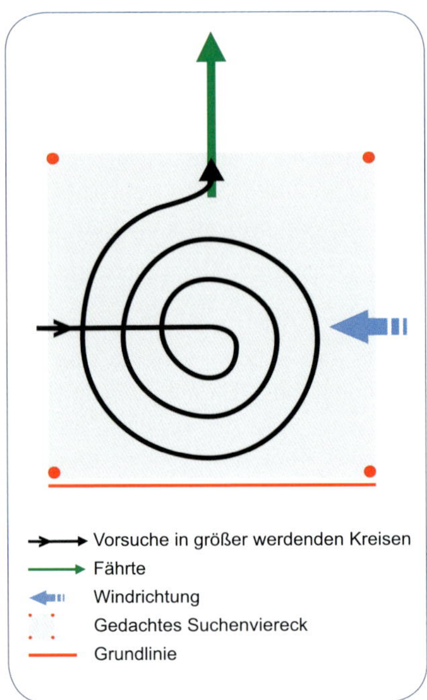

Sind wir auf dem Weg zum Mittelpunkt nicht fündig geworden, beginne ich von hier, in immer größer werdenden Kreisen rund um das Zentrum zu suchen. Diese Technik bietet sich in der Praxis besonders dann an, wenn der Schütze den Anschussbereich nur sehr vage eingrenzen kann. Ich muss in diesem Fall damit rechnen, dass er sich auch um über 50 Meter verschätzt haben könnte (zum Beispiel aufgrund sehr schlechter Sichtverhältnisse oder wegen gleichförmigen Bewuchses in der Ebene).

Selbstverständlich kann sich auch jeder sein ganz eigenes Muster ausdenken oder schlicht „den Hund machen las-

Vorsuche in größer werdenden Kreisen vom vermuteten Anschuss aus

Vorsuche auf einer großen Wiese

sen". Im zweiten Fall muss ich mir aber gut merken können, wo wir schon waren und wo nicht, damit ich etwas lenkend eingreifen kann. Zudem kann so auf einer Prüfung die vorgegebene Zeit knapp werden. Bei den anderen beschriebenen Herangehensweisen habe ich zumindest die Fährte mit einem in der Vorsuche geübten Hund binnen weniger Minuten gefunden.

Die ausschließliche Anzeige einer Krankfährte

Das Vorhandensein eines Anschusses kann ich mit jedem in der Vorsuche gut ausgebildeten Hund bestätigen. Für die möglichst sichere Feststellung eines Fehlschusses brauche ich jedoch zwingend den Spezialisten, der ausschließlich einer Krankwitterung folgen will und Gesundwitterung ignoriert, sowie dazu einen Führer, der den Hund einwandfrei lesen kann. Dieses Können entwickelt sich in Perfektion erst im Rahmen der Praxis und dazu müssen wirklich viele erfolgreiche Suchen absolviert werden.

Der Hund kommt nur so zu der Erkenntnis, dass ausschließlich am Ende einer Krankfährte Beute gemacht wird. Gesundfährten werden damit zunehmend uninteressant. Trotzdem mache ich auch in der Praxis bereits Vorsuchen auf vermeintliche Anschüsse, hole aber beim jungen Spezialisten anschließend immer noch einen erfahrenen Hund, der mir die Aussage des Juniors bestätigt (oder auch nicht). Nur so lerne ich, ihn wirklich richtig zu lesen. Das Konzept der Unterscheidung zweier ähnlicher, aber eben nicht gleicher Gerüche kann ich jedoch schon vorab trainieren.

Unterscheidung der Kunstfährte von der Spur des Fährtenlegers

Für diese Übung nehme ich mir gern eine Hilfslinie, zum Beispiel eine Rückegasse, die unbefestigten Maschinenwege im Wald. Ich kreuze sie mehrfach, sowohl mit Fährtenschuhen als auch ohne. Da ich jegliche Wildwitterung auf der Strecke vermeiden will, trage ich die Fährtenschuhe auch nicht mit. Der Abstand der Spuren sollte mindestens 20 Meter betragen.

Zur ersten Übungseinheit wechseln sich Kunstfährte und normale Spur und wieder zwei Kunstfährten ab. Die Fährten mit Wildwitterung markiere ich in einer anderen Farbe als die ohne, damit ich sie später erkenne. Nach dem Trainingsstand angepasster Wartezeit lasse ich meinen Hund die Rückegasse entlang vorsuchen. Fällt er die erste Kunstfährte korrekt an, lobe ich und lasse ihn mit der Freigabe „Okay" bis zum Ende suchen, wo seine Belohnung wartet. Dann begebe ich mich zurück in die Gasse und lasse ihn weiter vorsuchen.

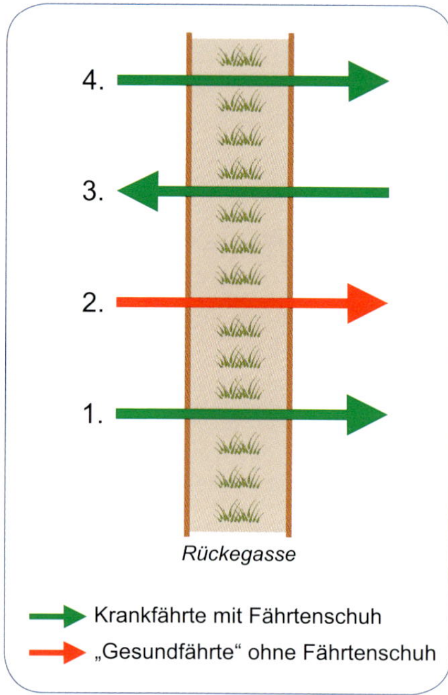

Unterscheidung „krank" und „gesund"

Überläuft er die Spur ohne Wildwitterung, freue ich mich ganz im Stillen, sage aber nichts zum Hund, da ich sein Interesse für diese Fährte gar nicht erst wecken will. Nimmt er sie jedoch an, lasse ich ihn 2 bis 3 Meter folgen. Bremst er innerhalb dieser Distanz ab und korrigiert sich zurück zu mir, lobe ich ihn und wir gehen weiter zur nächsten Spur. Korrigiert er sich nicht, kommt mein „Schade" und ich ziehe ihn von der falschen Fährt ab. Wir gehen sofort weiter zur nächsten Kunstfährte. Es ist gut möglich, dass mein Hund jetzt etwas verwirrt und nicht sicher ist, ob er dieser folgen soll. Daher muss ich nun den kleinsten Ansatz zur Anzeige der Fährte schon wahrnehmen und loben. Er darf sie verfolgen und findet seine Belohnung. Und um ihn sicher werden zu lassen, dass die Fährte mit Wildwitterung auf jeden Fall richtig ist, folgt jetzt gleich wieder eine Kunstfährte. Diese Taktung – eine falsche Fährte gefolgt von zwei richtigen Fährten – behalte ich bei, bis mein Hund die falschen Fährten völlig ignoriert oder sich zuverlässig selbst korrigiert.

Vorsuche zum Wiederauffinden der Fährte nach Fährtenabriss

Es gibt Situationen, in welchen mein Hund die Fährte unter Umständen vorübergehend nicht vorwärtsbringen kann oder die Weiterführung der Arbeit an dieser Stelle nicht möglich ist. Ein denkbares Szenario ist die Flucht des Wildes über eine größere, stark verdichtete Fläche wie einen Parkplatz oder durch eine große Sandgrube. Gar nicht weitersuchen können wir, wenn das Wild durch einen Zaun auf absolutes Sperrgebiet, wie alte Munitionslager, in größere, stehende Gewässer oder in gefährliche Steilwände gelaufen ist. Nicht selten hat es aber dieses Gebiet auch wieder verlassen, sodass wir nach dem „Hindernis" die Arbeit wieder aufnehmen können.

Will ich solche Situationen üben, muss mein Hund bereits verstanden haben, dass die Wildwitterung eine zwingende Komponente der Fährte darstellt. Andernfalls kann es passieren, dass er einfach weiter der Spur des Fährtenlegers folgt, auch wenn dieser nun keine Fährtenschuhe mehr an den Füßen trägt.

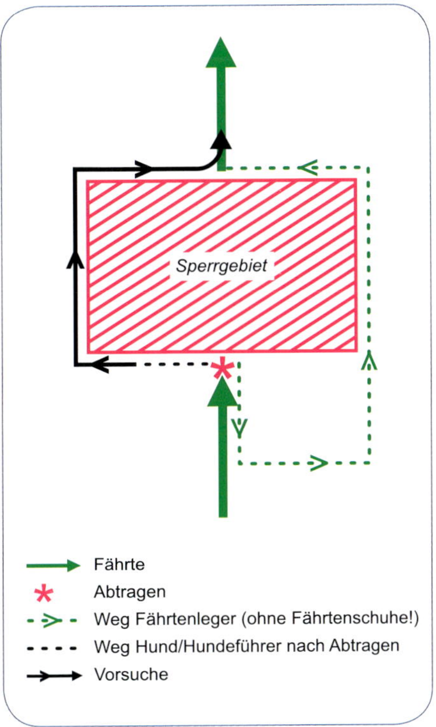

Suche um Sperrgebiet

Die Aufgabe gestalte ich wie folgt: Ich gehe mit den Fährtenschuhen auf den Sperrbereich zu, schnalle sie direkt an der Grenze ab und verpacke sie luftdicht in eine Plastiktüte. Jetzt bewege ich mich auf der getretenen Fährte mindestens 20 Meter rückwärts, bevor ich sie seitlich verlasse. Dann begebe ich mich zu jenem Punkt nach dem Hindernis, wo die Fährte wieder herauskommen soll. Dort schnalle ich die Schuhe erneut an und verlängere die Fährte. Wie immer versuche ich die Aufgabenstellung mehrmals innerhalb einer Fährte unterzubringen.

Habe ich keine entsprechenden Gebiete in meinem Revier, kann ich auch Dickungen auf diese Weise umschlagen. Dann sollte aber auch immer wieder eine Fährte durch eine Dickung hindurchführen, damit mein Hund nicht glaubt, dass diese grundsätzlich umgangen werden.

Bei der Suche lasse ich den Hund bis zum Fährtenabriss beziehungsweise Zaun arbeiten. Dort wird er stocken, ich gebe mein „Halt"-Signal und trage ihn ab. Bis hierher war ja alles richtig. Jetzt lasse ich ihn mit halber Riemenlänge vorsuchen und leite ihn dabei entlang des Zaunes oder der Dickung zum Auswechsel. Bin ich beim Legen der Fährte rechtsherum gegangen, suche ich linksherum vor, denn hier ist keine Spur von mir zu finden. Sobald er die Fährte anfällt, lobe ich ihn und lasse ihn sie ausarbeiten.

Erschwerte Anschuss-Situationen

Die Erkenntnis, dass die Trittfährte ausschließlich in Verbindung mit Wildwitterung der wichtigste Faktor auf der Kunstfährte ist, kann ich weiter vertiefen, indem ich den Abgangsbereich entsprechend schwierig gestalte. Dafür lege ich einen **Abgangsstern** an. Bevor ich die Fährtenschuhe anschnalle oder die Pirschzeichen am Anschuss deponiere, gehe ich von diesem mehrmals kurz weg (maximal anderthalb Meter) und trete mit großen Schritten zurück auf den Anschuss. Von diesen Blindfährten lege ich zwei bis vier Stück, alle mindestens im 45°-Winkel von der echten Fährte weg. Diese wird ganz zum Schluss angelegt. Wenn mein Hund jetzt an den Anschuss kommt, muss er sich deutlich mehr konzentrieren, will er gleich die richtige Fährte erwischen. Wählt er eine Spur ohne Wildwitterung, endet diese im Nichts. Er lernt so, beim Vorhandensein mehrerer sehr ähnlicher Fährten genau zu differenzieren.

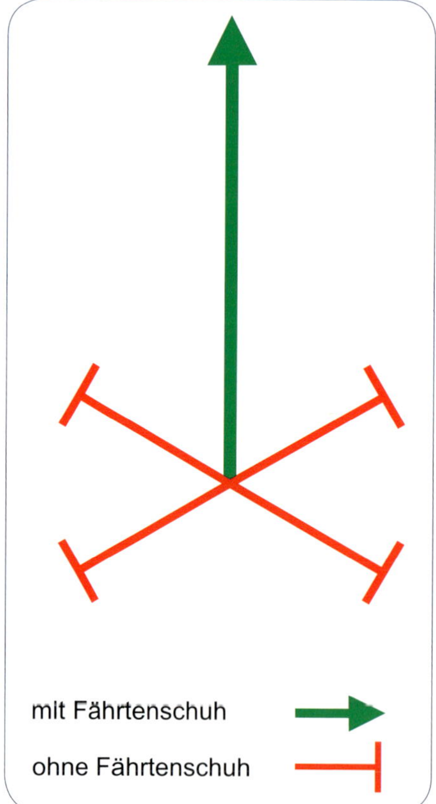

Abgangsstern

Auf einer Prüfung sollte das noch nicht nötig sein, hier müssen eigentlich alle beim Fährtelegen beteiligten Personen genau hintereinander laufen. In der Praxis hingegen macht diese saubere Differenzierung dann Sinn, wenn ein Stück aus einer Rotte, einem Rudel oder einem kleinen Familienverband beschossen wurde. In diesem Fall existieren neben der Krankfährte noch viele Gesundfährten, die den Anschussbereich kreuzen. Hier soll und muss sich mein Hund gut auf das Wesentliche konzentrieren, sonst laufen wir womöglich dem falschen Stück nach. Dieser Fehler passiert Hunden leichter, die auch stöbern dürfen – haben sie doch verknüpft, dass auch die Verfolgung von gesundem Wild Freude bereitet und zu Beute führt.

Eine weitere Erschwernis, die der Praxis entspricht, ist ein **Anschuss mit Ausschuss**, der sich mehr oder minder weit in der Umgebung verteilt. Dieser riecht sehr intensiv und der Hund wird ihn ziemlich sicher genauer untersuchen wollen, was er natürlich auch darf. Schließlich soll er auch sonst die Pirschzeichen am Anschuss und in der Fährte anzeigen. Das Problem wird sein, dass er sich von diesem intensiven Geruchspool auch wieder ablöst und im Umfeld den echten Anschuss oder zumindest die Fährte findet und aufnimmt. Damit ihm das gelingt, beginne ich mit einem kleinen Ausschuss mit eher wenig Material, nahe am Anschuss.

Später erst steigere ich die Menge an Haaren, Schweiß, Wildbretfetzen und Organteilen und schließlich auch die Entfernung, auf der ich das Material hinter dem Anschuss verteile. Besonders für die ersten Einheiten findet sich im Anschuss deutlich mehr Material als im verleitenden Ausschuss – der Hund soll möglichst ohne meine Hilfe Erfolg haben!

Beim Absuchen dieser Szenerie lasse ich meinem Hund viel Zeit und schaue mir auch mal selbst einen Schweißtropfen oder Gewebefetzen an. Sollte sich der Hund zu sehr erregen, nehme ich ihn kurz aus der Situation heraus, lasse in abliegen und sich beruhigen, danach darf wieder weitergeschnüffelt werden. Wenn er auch nach mehreren Minuten nicht auf die Fährte bzw. den Anschuss findet, beginne ich, ihn unauffällig dorthin zu lenken. Dazu zeige ich ihm verschiedene Stellen im Randbereich des Ausschusses, die er bitte kontrollieren soll. Nach zwei bis drei solcher Stellen verweise ich dann auf den Bereich, in

Anschuss mit Ausschuss

welchem Anschuss und Fährte gleich neben dem Ausschuss zu finden sind. Bei guter Vorarbeit sollte mein Hund jetzt richtig reagieren, den Anschuss verweisen und die Fährte aufnehmen.

Klappt das immer noch nicht, zeige ich mich für diesen Bereich sehr interessiert und weise meinen Hund quasi auf die Fährte hin. Jegliches Interesse lobe ich sofort, sodass er diese nun auch annimmt. Will er sich wieder zum Ausschuss orientieren, halte ich ihn zurück und verweise erneut auf den Anschussbereich. Bei der nächsten Übung muss dann der Ausschuss deutlich schwächer und dafür die Pirschzeichen im Anschuss umfangreicher angelegt werden.

Auch diesen Themenschwerpunkt kann ich durch mehrfache, zeitnahe Wiederholungen intensiv lernen lassen. Dazu lege ich mehrere kurze Fährten von vielleicht 50 bis 100 Meter, die alle jeweils mit dem Abgangsstern oder dem Ausschuss oder später einer Kombination aus beidem versehen sind.

Zurückgreifen

Bisher habe ich im Training nur kurze Strecken zurückgegriffen. Bei einer Entfernung von etwa ein bis zwei Riemenlängen entspricht das eher einem weiten Kreisen. Bei unbekannten Fährten (Fremdfährte ohne Begleitung, Prüfungsfährte oder Realeinsatz) kann es aber durchaus vorkommen, dass mein Hund einen falschen Weg eingeschlagen hat und ich das, womöglich vor lauter Aufregung, viel zu spät bemerke. Vielleicht bin ich mir nach einer sehr langen Strecke ohne Pirschzeichen auch einfach nicht mehr sicher, ob ich meinem Hund wirklich vertrauen kann. Dann muss ich zurückgreifen – und zwar so weit, bis wir wieder an einem Punkt sind, an dem es entweder die Bestätigung in Form von Pirschzeichen gibt, oder ich mir aufgrund des Suchverhaltens meines Hundes sicher bin, dass noch alles korrekt ist.

In der Praxis kann ich mich an einer GPS-Aufzeichnung der gelaufenen Strecke orientieren; auf ihr kann ich Markierungen setzen, wenn Pirschzeichen zu finden sind. Trotzdem sollte ich auch ausreichend bändeln, das heißt, ich markiere zumindest die Stellen mit vorhandenen Pirschzeichen. Da GPS-Geräte zur Prüfung nicht genutzt werden, muss ich mir angewöhnen, die Strecke während der Suche regelmäßig zu bändeln. Die Richter führen mich nur zurück an Punkte, die ich ihnen genannt oder markiert habe – andernfalls geht es ganz zurück zum Start. Verlasse ich auf der Prüfung die Fährte, kommt der Abpfiff nach etwa 60 bis 80 Metern. Wenn nun etwa alle 30 Meter ein Bändel hängt, muss ich nur drei Markierungen zurückgehen und bin wieder auf der korrekten Fährte.

Wenn ich mir sicher bin, dass wir weit abseits der Fährte sind, weil ich den Verlauf kenne oder gerade ein Abruf von den Richtern kam, ziehe ich den Hund ab. Wir machen eine Pause, um uns wieder zu sammeln, dann führe ich ihn am halblangen Riemen zurück. Sobald wir in die theoretische Nähe der Fährte kommen, achte ich ganz besonders auf meinen Hund: Zeigt er die Fährte irgendwo an? Falls ja, setze ich auch da ein Bändel, gehe aber trotzdem bis in den Bereich, wo sich die Fährte ganz sicher befindet und lasse den Hund vorsuchen.

Weiß ich aber nicht genau, ob der Hund Recht hat oder sich irrt, trage ich ihn freundlich ab, wir könnten schließlich richtig gewesen sein. Futterbelohnung gibt es jedoch keine. Falls wir eben doch falsch unterwegs waren, wird das nicht auch noch honoriert. Nach einer kleinen Verschnaufpause geht es genauso zurück zur Fährte wie gerade beschrieben.

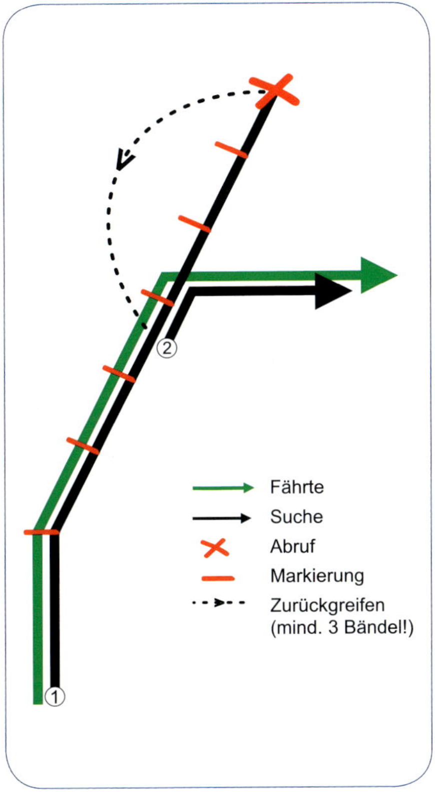

Zurückgreifen auf einer gebändelte Fährte

Natürlich sollte ich auch trainieren, weite Wege zurückzulaufen und die Fährte doppelt zu arbeiten, selbst wenn der Hund vorher korrekt war. Dafür reicht eine längere, einfache Fährte, welche diese Aufgabenstellung zwei- bis dreimal enthält.

Wege, Bachläufe, Klingen

Wie bereits erwähnt, können spezielle Geländebedingungen zu gewissen Schwierigkeiten führen. Solche Problemstellungen kann ich sehr schön als Themenschwerpunkt anbieten, damit mein Hund in diesen Situationen sicher wird, wie sie auf jeder längeren Nachsuche auftreten können.

Auf mehr oder minder befestigten Wegen findet sich kaum Bodenverwundung. Die leicht flüchtigen Geruchsstoffe werden schnell verweht und meinem Hund bleibt unter Umständen nur der jetzt zudem schwächer abgestempelte Wildgeruch der Schalen. Es kann also gut sein, dass sich der Übergang auf den Weg für den Hund ähnlich wie ein Fährtenabriss darstellt. Nun heißt es, jenen Punkt zu finden, an dem er die Fährte wieder aufgreifen kann. Im einfachsten Fall hat das Wild die Fahrbahn lotrecht angelaufen und ist auf kürzestem Weg geradeaus darüber hinweg geflohen.

Der Hund kommt an den Rand des Forstwegs (a), geht zur anderen Seite (b) und sucht den Anschluss an die Fährte (c).

Wenn mein Hund das Konzept des Kreisens und der Vorsuche schon kennt, hat er gute Chancen, die Fährte dort drüben eigenständig wiederzufinden. Deshalb bleibe ich am Rand des Weges stehen und lasse ihn nach der Lösung suchen. Nur wenn ich sehe, dass er es nicht allein schafft und nervös wird, trete ich mit auf den Weg und lasse ihn wie zufällig auch am gegenüberliegenden Rand suchen. Sobald er die Fährte hat und aufnimmt, folgen das Lob und die weitere Suche.

Beim Legen der Fährte führe ich diese wiederholt über Wege – so können wir das Erlernte sofort vertiefen. Da Wild aber aus allen möglichen Winkeln auf Straßen und Wege trifft und diese auch nicht immer nur in gerader Linie überquert, ergeben sich allein deshalb viele unterschiedliche Schwierigkeitsgrade zum Üben. Die Anlaufwinkel können flacher oder spitzer sein, die Weiterführung kann sich einige Meter nach rechts oder links versetzt finden. Genauso ist es möglich, dass das Stück dem Weg eine Weile folgt (am Rand, in der Mitte oder auch wechselnd), bevor es diesen wieder verlässt. Es muss auch nicht zwingend auf die gegenüberliegende Seite wechseln, sondern flieht vielleicht (direkt oder viele Meter weiter) wieder zurück auf die Seite des Weges, wo es herkam.

Manchmal kann der Hund der Fährte am Wegesrand folgen, manchmal muss er etwas vorsuchen oder ich ihn bei einer weiten Vorsuche unterstützen. Denn kamen wir korrekt bis zu einem Weg, muss es irgendwo weitergehen – das kann aber im Extremfall auch mehrere hundert Meter weit entfernt sein. Das Problem lässt sich durch eine ausreichend weite Vorsuche lösen. Diese muss mein Hund in dem dazu notwendigen Ausmaß aber auch leisten können, Training ist also nötig.

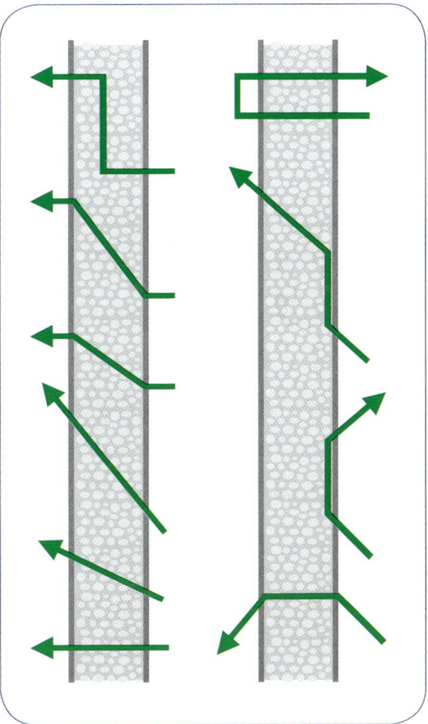

Kreuzen von Wegen

Die Möglichkeit, einen Weg zu überqueren oder zu nutzen, bietet sich auch an Bachläufen. Selbst Flüsse werden von krankem Wild angenommen. Hier beschränke ich mich aus Sicherheitsgründen auf das Absuchen der Randbereiche. Bei ausreichender Tiefe und/oder Strömung kann mein gesuchtes Stück bei einer realen Nachsuche prinzipiell auch ertrunken sein.

Der Einfluss des Windes kann in all diesen Szenarien zusätzlich erschwerend wirken. Eine gewisse Luftströmung ergibt sich an Wegen, fließenden Gewässern und in Klingen immer automatisch, auch bei Windstille. Je stärker die Luftbewegung, desto schwieriger kann es für meinen Hund werden. Ich muss ihm Zeit und Ruhe geben, die Lösung zu finden. Nur wenn ihn dies zu überfordern droht, greife ich helfend ein. Wir sind ein Team, doch primär soll der Hund mit seiner Nase, seinem Willen und den erlernten Fähigkeiten agieren.

Konzentration halten

Selbst wenn mein Hund einer Fährte über einen etwas bewachsenen oder leicht erdigen Forstweg folgen kann, ergibt sich das nächste Problem, wenn diese Strecke etwas länger ist. Der Hund nimmt solche offensichtlichen Linien ganz schnell als „Hilfe" wahr und fährt seine Konzentration etwas herunter. Ähnlich, wie wir auf einer langweiligen Autobahn unseren Gedanken nachhängen und deshalb unsere Ausfahrt verpassen, passiert es auch dem Hund. Er folgt dieser Linie unter Umständen recht weit, bis er seinen Fehler bemerkt. Genauso verführerisch wirken natürlich auch Bachläufe und vor allem Rückegassen – selbst solche, die für unser Auge kaum noch erkennbar sind. Durch die Bodenverdichtung gasen sie anders aus als natürlicher Waldboden und bilden sich damit für die Hundenase auch dann noch als Weg ab, wenn wir ihn nicht mehr als solchen wahrnehmen. Feldkanten sowie Ackerfurchen gehören ebenfalls zu den „Leitlinien" und stark belaufene Wildwechsel stellen sicherlich die schwierigste Variante dar.

Hier folgt der Hund dem Winkel nach einer längeren Strecke entlang der Fahrspur.

Möchte ich das Halten der Konzentration als Trainingsschwerpunkt setzen, lege ich die Fährte immer wieder über relativ weite Strecken nahe und parallel zu einer solchen Leitlinie, um diese dann in unterschiedlich gestalteten Winkeln zu verlassen: erst mit stumpfen Winkeln, dann rechtwinklig und später auch spitz nach hinten. Über einen Bogen führe ich die Fährte erneut auf die Leitlinie, verlasse sie nach entsprechender Strecke wieder und wiederhole das Ganze. Beim Absuchen darf der Hund in seinem normalen Tempo arbeiten – ich bremse ihn erst, wenn er mehr als eine Riemenlänge über den Winkel hinausgesucht und es noch immer nicht bemerkt hat. Ich warte ab, ob er nun von selbst eine Idee entwickelt, indem er kreist und selbstständig zurückgreift. Erst wenn er gar nicht klarkommt, helfe ich ihm (wie im Grundaufbau) mit langsamem Rückwärtsgehen, bis er den Anschluss wieder gefunden hat. Bei der nächsten „Abfahrt" von der „Autobahn" erhält er eine neue Chance.

Leitlinien verlassen

Ablenkungen

Die meiste Zeit trainiere ich mit meinem Hund vermutlich irgendwo tief im Revier ohne größere Ablenkung. Manchmal begleitet mich noch der Fährtenleger oder auch ein interessierter Kollege, mehr aber meist nicht. Spätestens zum Prüfungstag kann das jedoch ganz anders aussehen. Ein gutes Prüfungsrevier kann durchaus gleichzeitig ein beliebter Freizeitwald sein. Und im realen Ein-

Der Hund ist voll konzentriert und lässt sich vom fließenden Verkehr nicht ablenken.

satz weiß ich vorher noch weniger, welche Situationen uns bei der Suche erwarten. Ich sollte meinen Hund also mit Ablenkungen aller Art vertraut machen.

Dazu zählen auf jeden Fall Menschen, die relativ nah bei uns mitlaufen, die etwas hinter uns der Suche folgen, sich auch mal unterhalten, raschelnd in ihren Taschen kramen oder beim Zurückgreifen mitten im Weg stehen. Auf einer Prüfung haben wir drei Richter, vielleicht ein oder zwei Richteranwärter, möglicherweise den Prüfungsleiter und auch einen Ortskundigen in einem Pulk sehr dicht hinter uns. Erlaube ich Zuschauer, so folgt mit etwas Abstand noch eine zweite Schar. Raschelndes Laub, brechende Äste, geflüsterte Unterhaltungen und die Blicke aller mehr oder weniger intensiv auf ihn gerichtet, können meinen Hund derart beeindrucken, dass er gar nicht suchen mag, wenn er einen solchen Auflauf nicht gewohnt ist.

Die Fährte kann auch nahe an beliebten Rad- und Wanderwegen vorbeiführen – hier wird durchaus mal laut gerufen und geklingelt. Auf einer Prüfung am Rande einer Großstadt hatten wir die Einflugschneise eines internationalen Flughafens über uns und auf den ersten 200 Metern der Fährte kreuzten zweimal eine Mountainbike-Strecke sowie ein Wanderweg mit Passanten. Eine Streckenführung in relativer Straßennähe ist ebenfalls prüfungskonform und kommt in der Praxis ganz sicher vor, wenn ich zu einem Wildunfall gerufen werde. Verkehrsgeräusche in seiner direkten Nähe sollte mein Hund also kennen, auch wenn ich vielleicht sonst sehr ländlich wohne.

Nichts spricht dagegen, dass gleich neben dem Prüfungsgebiet weiter Holz gemacht wird: Kettensägen, Hammerschläge und Betriebsgeräusche größerer Maschinen wären die Folge. Reitwege können die Fährte kreuzen, diese kann auch nahe an Weiden entlanglaufen und in der Praxis sogar quer darüber. Kühe, Pferde und Schafe reagieren häufig neugierig auf die ungewohnte Bewegung im angrenzenden Wald. Sie kommen am Zaun zusammen, laufen parallel mit und äußern sich lautstark – oder rennen im Pulk auf und davon. Im Herbst ist mit Pilzsammlern zu rechnen, je nach Bundesland könnte auch ein frei laufender Hund dabei sein.

Es gibt also nichts, was es nicht gibt, und ich tue gut daran, meinem Hund ganz viel davon zu zeigen. Gleichzeitig bieten diese Ablenkungen eine neue Schwierigkeit, das Training bleibt interessanter und spannender. Ist mein eigentliches Trainingsrevier eine ruhige Oase, sollte ich unbedingt Möglichkeiten finden, ablenkungsreich zu üben – selbst wenn ich dafür zu Futterschleppfährten im urbanen Bereich greifen muss.

Eine letzte wichtige Ablenkung für die spätere Praxis sind andere Hunde. Diese können, wie bei einer Bewegungsjagd, vorher kreuz und quer über die Fährte gelaufen sein oder ein anderer Hund hat vor uns die Fährte zu einem Teil gearbeitet und wir arbeiten sie nun nach. Auch Begleitung durch einen anderen Hund sollte er akzeptieren. Bei den ersten erschwerten Suchen lasse ich einen Profi nachführen, der die Kohlen aus dem Feuer holt, sollte mein frisch geprüfter Hund die Arbeit nicht zu Ende bringen können.

Je mehr solcher unterschiedlicher Situationen mein Hund kennt, desto nervenstärker wird er und es wird ihn nichts mehr so leicht aus dem Konzept bringen.

Verleitungen

Es ist sehr spannend zu sehen, wie Hunde auf Verleitungen reagieren. Einige scheinen diese gar nicht richtig wahrzunehmen, andere nehmen nur ganz spezielle Verleitungen an, die aus ihrer Sicht besonders attraktiv sind. Manche Hunde lassen sich sehr leicht ablenken, sind quasi gar nicht fährtentreu und würden womöglich von einer Verleitung auf die nächste wechseln. Wieder andere stecken die Nase nur kurz in die Verleitung, korrigieren sich aber sofort, ganz egal, wonach es duftet. Die einen gehen diesem spannenden Geruch ein paar Meter nach, wenden sich dann aber doch ihrer ursprünglichen Aufgabe zu – andere muss ich bei ihrem Tun erwischen und bremsen, damit sie sich wenden, oder ich muss sie gar abziehen, zur Pause zwingen und dann zur Fährte zurückbegleiten.

Der Hund lässt sich von einem ausgeprägten Wildwechsel verleiten (a) und korrigiert sich selbst (b).

Wünschenswert ist ein Hund, der sich für gar nichts anderes als seine Fährte interessiert oder spätestens nach wenigen Metern eigenständig korrigiert. Tut mein Hund dies nicht aus ererbter Anlage (und das sind die wenigsten!), muss ich den Umgang mit Verleitungen üben. Schon beim Training kommen sie immer wieder vor, ob ich sie nun geplant habe oder nicht, solange ich nicht ein hermetisch abgezäuntes Gelände besitze. In der Praxis sind sie auf jeden Fall gang und gäbe, weil alles Schalenwild zumindest während der Aufzucht in Familienverbänden unterwegs ist.

Verleitungen kommen zwar natürlich vor, trotzdem lege ich gezielt selbst welche. Nur dann weiß ich sicher, dass mein Hund sich gerade für etwas anderes interessiert und jetzt nicht rein zufällig bögelt.

Zu Beginn des Trainings verwende ich Futterschleppen als Verleitung, die ich mehrmals quer über die Fährte lege. Die Kreuzungspunkte markiere ich mir, damit ich beim Absuchen genau weiß, wo die Verleitfährte liegt. Zeitlich gesehen kann ich sie deutlich vor der eigentlichen Fährte legen, das ist für die meisten Hunde ein einfacher Einstieg. Später werden sie fast zeitgleich mit der Fährte gelegt und schließlich kurz vor dem Ansetzen des Hundes an der Fährte.

Schleppe über die Fährte

Nun lasse ich den Hund arbeiten und beobachte seine Reaktion an der gestellten Verleitung. Ich greife erst einmal nicht ein, da ich wissen möchte, wie seine natürliche Reaktion auf die Verleitung aussieht und seine Körpersprache in diesem Konflikt kennenlernen will. Es kann sehr nützlich sein, hiervon ein kleines Video aufzunehmen. So habe ich die Möglichkeit, mir die Situation später noch mehrfach in Ruhe anzusehen, falls mein Hund nur dezente Signale sendet. Hat er unbeirrt an der Kreuzung vorbeigesucht oder sich selbst korrigiert, lobe ich ihn selbstverständlich. Falls der Hund mehr als zwei Riemenlängen in die Verleitfährte marschiert, stoppe ich ihn und helfe im Zweifel auch zurück. Erst wenn er wiederholt Verleitungen anfällt und diese nicht eigenständig verlassen will, bremse ich schon nach wenigen Metern und verlange die Korrektur. Statt Futter kann ich auch Niederwild, Schwarten oder Decken (nicht vom Stück, von dem die Schalen für die Fährte stammen!) ziehen, beziehungsweise mit Schalen einer anderen Art oder eines anderen Individuums kreuzende Spuren erzeugen. Ebenso kann die Fährte mehrfach über bestehende Wildwechsel führen. Für den Anfang bleibt es bei schlichten Kreuzungen, die Ansatzfährte läuft geradeaus weiter. Erst wenn mein Hund ausreichend verleitungsresistent ist, werden schwierigere Aufgaben gestaltet.

Hier bietet sich ein breites Spektrum an Möglichkeiten:

Der Winkel, mit dem sich die Fährten treffen, wird verengt, bis ein Überwechseln auf mehreren Metern sehr leicht möglich wäre. Die Fährten liegen ein Stück weit genau übereinander und die Verleitung trennt sich von spitz nach hinten über rechtwinklig bis spitz nach vorn ab. Noch schwieriger wird es, wenn

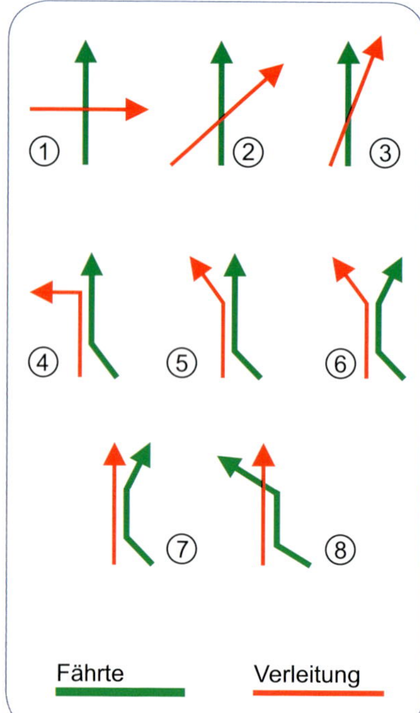

Verleitungen kreuzen oder tangieren die Fährte.

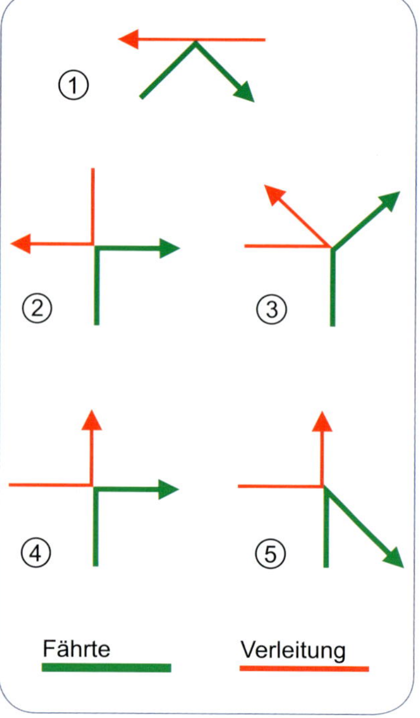

Verleitungen tangieren die Fährte im Winkel.

ich die Ansatzfährte abknicken lasse, von spitz nach vorn über rechtwinklig bis spitz nach hinten. Beide Fährten können sich auch nur tangieren: in Bögen oder gewinkelt, von stumpf bis spitz. Die Verleitfährte kann zusätzlich Schweiß beinhalten, während die Ansatzfährte gerade schweißfrei ist. Mit einem Helfer kann ich die Fährten zeitgleich legen. Wenn zwei Fährten liegen, können auch zwei Hunde hintereinander oder sogar jeder parallel eine davon absuchen.

Mit entsprechend vielen Helfern und Schalen kann ich auch eine Situation nachstellen, in welcher mehrere Stücke beschossen wurden und gemeinsam fliehen. Die Ansatzfährte für meinen Hund verstärke ich mit Schweiß oder lasse die anderen „Rottenmitglieder" mit gewissem Abstand vom Anschuss starten. Nach 30 Metern vereinigen sich alle Spuren und laufen mehrere hundert Meter mit kreuzenden Fährten dicht beieinander, bis sich die Ansatzfährte herauslöst, so wie sich kranke Stücke oft absondern. Der Fantasie sind keine Grenzen gesetzt – allein dieses Schwerpunktthema bietet mannigfaltig Abwechslung.

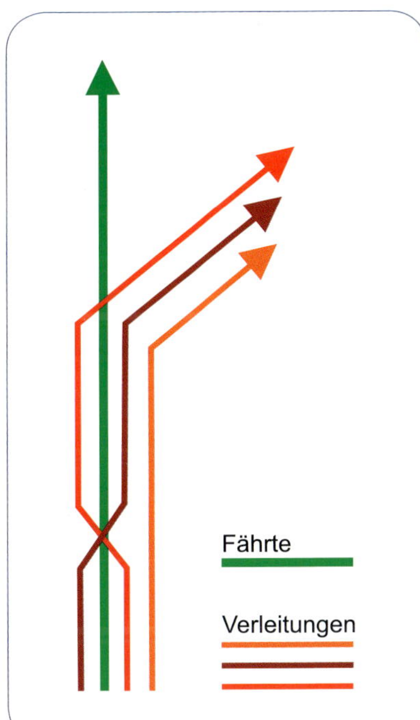

Rotte separiert sich von gesuchtem Stück.

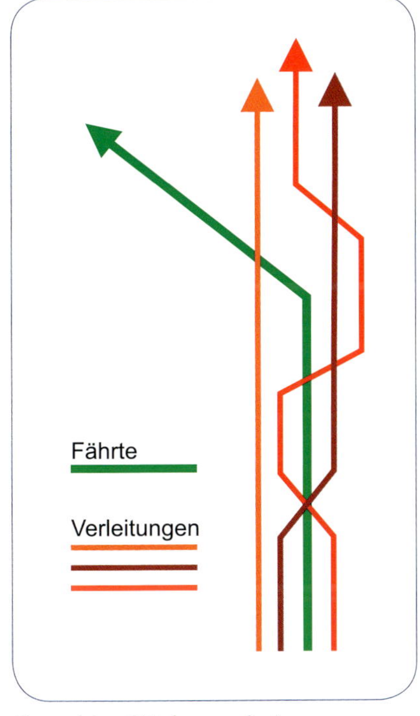

Gesuchtes Stück separiert sich von Rotte.

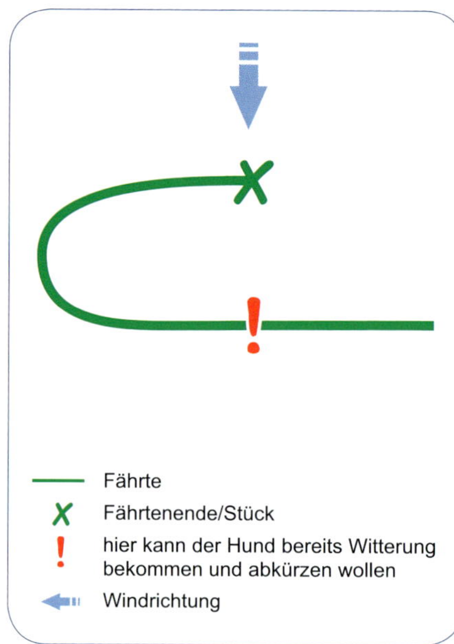

So ist das Stück für den Hund wahrnehmbar.

Verleitend wirken natürlich nicht nur die Spuren von Wild, sondern auch die Witterung oder gar der Anblick desselben. Wer die Möglichkeit hat, entlang eines Wildgatters oder in einem Forst mit extremem Wildbesatz zu üben, sollte dies unbedingt tun.

Dann wäre da noch die Situation mit dem verendeten Stück, welches mein Hund durch entsprechende Windrichtung schon vom Anschuss aus wittern kann. Jetzt kann es passieren, dass er diesem Geruch mit hoher Nase statt über die Fährte folgen möchte. Kein wirkliches Problem, wenn es lediglich um die Bergehilfe nach einem Einzelansitz geht. Problematisch wird das aber, wenn mein Hund ausgerechnet an der Prüfung das Fährtenende viel zu früh in die Nase bekommt. Der Abstand beträgt zwar meist 150 Meter oder mehr, aber das bedeutet leider auch, dass ein sehr feinnasiger Hund (besonders wenn er eigentlich zu den Hochwindsuchern zählt) das Stück dennoch wahrnehmen kann.

In den USA gibt es Hunde, die bei der Suche nach vermissten Personen in riesigen, menschenleeren Gebieten den anstehenden Wind über mehrere hundert Meter auf menschliche Witterung prüfen. In der jagdlichen Praxis jedoch sollte ich unbedingt darauf bestehen, dass mein Hund mich ausschließlich über die Fährte zum Stück führt – vor allem dann, wenn er auch nach Bewegungsjagden eingesetzt werden soll. Hier kann es nämlich vorkommen, dass ein Stück in der Nähe liegt, welches von einem anderen Schützen erlegt wurde. Lasse ich meinen Hund nun der Bequemlichkeit halber mit hoher Nase dorthin laufen und entspricht der Fund in Art, Geschlecht und Größe dem von meinem Schützen beschossenen Stück, merke ich womöglich gar nicht, dass ich das falsche eingepackt habe und da eigentlich eins fehlt. Kommt später ein Nachsuchenführer von jenem Schützen, der dieses Tier tatsächlich erlegt hat, in der Nähe dieses Standes an und findet die Bergespur, notiert er seine Aufgabe ebenfalls als erledigt. Wird jetzt nicht sehr genau Buch geführt, wer wo was beschossen, gesucht und gefunden hat, bleibt das Tier, das ich eigentlich suchen sollte, im schlimmsten Fall krank im Wald sich selbst überlassen. Das darf keinesfalls geschehen! Ich muss mit meinem Hund also üben, dass er auch dann der Fährte genau folgt, wenn er das Ende schon in der Nase hat.

Überprüfung der Arbeit

Gelegentlich kommt es vor, dass ich meinen fortgeschrittenen Hund fragen möchte, ob er sich sicher ist, noch auf der richtigen Fährte zu sein. Das ist dann der Fall, wenn er schon länger ein indifferentes Suchverhalten zeigt und ich keine Pirschzeichen finde, weil wir beispielsweise gerade im schweißfreien Teil einer mir im Verlauf unbekannten Kunstfährte oder auf einer Echtfährte ohne ausreichend Pirschzeichen unterwegs sind. Ich könnte meinen Hund nun einfach stoppen und zurückgreifen, um festzustellen, ob er bei seiner Entscheidung bleibt. Wenn der Hund aber korrekt war, ist das für ihn sehr störend bis frustrierend. Eleganter geht es, wenn ich schlicht „nachfrage".

Nun können wir bekanntlich nicht einfach miteinander reden, also müssen wir uns die Kommunikation durch Training erarbeiten. Dazu gehe ich folgendermaßen vor: Immer dann, wenn mein Hund die korrekte Fährte verloren hatte und sie gerade eben wieder aufnimmt, verknüpfe ich dieses „sich wieder Einklinken" mit dem Hörzeichen „Zur Fährte". Optisch erkenne ich dieses Einklinken an der Bewegung des Hundes. Er kommt mit tiefer Nase in Richtung der Fährte, nimmt sie wahr und reißt (je nach Temperament mehr oder weniger plötzlich) den Kopf herum in Fährtenrichtung, der Körper folgt sogleich nach.

Diese klassische Konditionierung von Wiederaufnahme der Fährte durch Kopplung mit dem Hörzeichen wiederhole ich über Wochen jedes Mal, wenn die Situation auftritt. Wenn diese Verknüpfung wenigstens hundertmal stattgefunden hat, begreift der Hund normalerweise, dass er auf dieses Signal hin seine Ansatzfährte aufsuchen soll.

Nun kann ich bei Bedarf mit „Zur Fährte" auch überprüfen, ob mein Hund noch richtig ist. Frage ich ihn auf der korrekten Fährte, wird er es entweder überhören, weil er hoch konzentriert bei der Arbeit ist, die Anfrage ignorieren, weil er auf der richtigen Fährte ist, oder auch stehen bleiben und sich irritiert umsehen, weil er das Signal nicht ausführen kann. Arbeitet der Hund jedoch auf der falschen Spur, ist ihm dies durch das intensive Training der letzten Monate regulär bewusst – er ist daher in diesen Phasen meist deutlich aufmerksamer dafür, wie ich reagiere.

a
b
c
d

Der Hund ist auf der Fährte (a), bemerkt, dass er den Winkel überlaufen hat (b), wendet sich zur Fährte (c), nähert sich der Fährte (d), bekommt das Hörzeichen „Zur Fährte“ (e) und hat die Fährte wieder aufgenommen (f).

Kommt nun meine Frage in Form der Aufforderung „Zur Fährte", wird er sich verraten. Wenn das Signal schon sehr gut verknüpft ist, wird er sein Tun abbrechen und zügig zurück zur Ansatzfährte wechseln. Hat er diese dann ein paar Meter vorangebracht, lobe ich ihn. Ist das Signal noch nicht hundertprozentig verknüpft, wird mein Hund vielleicht nicht direkt zur Fährte laufen, aber sehr wahrscheinlich Konfliktverhalten zeigen: sich schütteln, gähnen, die Lefzen lecken, betont an mir vorbeischauen und Ähnliches. Nun wiederhole ich das „Zur Fährte" und nimmt er sie jetzt immer noch nicht wieder auf, ziehe ich ihn ab, pausiere und greife etwas zurück. Für die nächsten Trainingseinheiten stehen dann Verleitungen als Themenschwerpunkt auf dem Programm.

Diese Abfrage beziehungsweise Arbeitserinnerung („Zur Fährte") hebe ich mir wirklich für die wenigen Fälle auf, in welchen ich mir tatsächlich nicht sicher bin, was mein Hund da vorn tut. Nimmt er regelmäßig Verleitungen an, muss ich mich gezielter um dieses Thema kümmern. Ich muss prüfen, ob meine Belohnungen stimmig sind und ob er ganz sicher schon verstanden hat, was von ihm eigentlich verlangt wird. Vielleicht fühlt er sich auch derart unterfordert, dass er lieber der Verleitung als der Kunstfährte nachhängt? Oder habe ich unbewusst zu viel Druck durch meine Erwartungshaltung ausgeübt?

An diesen Punkten setze ich an, um zu erreichen, dass mein Hund mit Spaß und Freude an die Sache herangeht und ich ihn nicht nur drille, damit er irgendeine Prüfung besteht. In der Praxis wird der gut aufgebaute Hund schon aufgrund seiner Eigenschaften als Beutegreifer die Krankfährte halten wollen und sich kaum vorsätzlich gegen diese entscheiden. Sehr vermenschlicht ausgedrückt, sieht sein Gesichtsausdruck deutlich weniger nach „Mist, erwischt..." als vielmehr nach „Ups, danke für den Hinweis" aus, wenn ich diesen Hund auf der Verleitung anspreche.

Mit der Verknüpfung des Signals beginne ich schon sehr früh im Aufbau, nutzen werde ich es aber erst beim mindestens prüfungsreifen Hund.

In der Praxis ergibt sich manchmal die Situation, dass mein Hund im Rahmen einer Anschusskontrolle dieses indifferente Suchverhalten zeigt. Nun bin ich mir nicht sicher, ob er jetzt eine Krankfährte hat oder nicht. Sind Pirschzeichen vorhanden, weiß ich wenigstens, dass da prinzipiell eine sein muss – ohne stehe ich leider selbst ratlos da. Nun kann es vorkommen, dass das beschossene Wild zwar nicht getroffen wurde, sich aber mächtig erschreckt hat, weil es zum Beispiel von aufspritzender Erde aus dem Kugelriss getroffen wurde. Es hängt also die Witterung eines stark gestressten Tieres in der Luft und findet sich auch in den Schalenabdrücken. Diese Witterung ähnelt vermutlich der Krankwitterung und der Hund ist sich unter Umständen nicht ganz sicher, ob das eine Fährte für ihn ist oder nicht. Meist folgt er ihr dann so weit, bis sich diese Stresswitterung wieder verliert, weil sich das Tier beruhigt hat. Hat mein Hund noch wenig Erfahrung mit echten Einsätzen, kann es sein, dass er sich sehr spät oder gar nicht von dieser Fährte löst. Dabei sieht sein Suchverhalten phasenweise aus, als hätte er Krankwitterung, dann wieder eher nicht.

Mit „Zur Fährte" kann ich hier nicht agieren – ich weiß ja nicht, ob es überhaupt eine gibt. Sollte sich mein Hund aber tatsächlich bereits auf einer Krankfährte befinden, zeigt sein Verhalten, dass die Situation für ihn gerade sehr schwierig ist, da will ich ihn natürlich auch nicht aus seiner Arbeit reißen. Hier versuche ich es mit einem leisen Geräusch, das außerhalb jeglicher Ablenkung sofort die Aufmerksamkeit meines Hundes wecken würde: ein leises Anzwitschern, ganz leises Pfeifen oder Schnalzen durch die Zähne. Es soll so dezent sein, dass es jemand, der wenige Meter neben mir läuft, kaum wahrnehmen kann, denn das Gehör des Hundes ist viel feiner.

Befindet sich mein Hund auf einer Krankfährte und ist völlig konzentriert, wird er das Geräusch überhaupt nicht wahrnehmen und unbeirrt weitersuchen. Somit habe ich ihn nicht gestört und lasse ihn einfach in seinem „Tunnel“, wie man bei Leistungssportlern auch gern sagt, wenn sie vor dem Start voll konzentriert sind. Sucht mein Hund jedoch keine Krankfährte, ist er selbst unsicher und somit deutlich leichter empfänglich für solche kleinen Ablenkungen. Wenn er also auf dieses winzige Geräusch reagiert, war das, was er gerade untersuchte, vermutlich keine Krankfährte. Finden wir trotz ausführlicher Untersuchung des vermuteten Anschussbereiches und der Umgebung nichts, war es vermutlich ein Fehlschuss. Kommt ein noch relativ unerfahrenes Gespann zu diesem Ergebnis, sollte es möglichst von einem altgedienten Profi bestätigt werden.

Wiedergänge

Hier treffen wir nach den Verleitungen auf ein weiteres Schwerpunktthema mit nahezu unendlichen Möglichkeiten. Wild legt auf der Flucht Wiedergänge an, um den Verfolger abzuschütteln oder zumindest lange genug aufzuhalten, damit das Stück noch ausreichend Zeit hat, das Wundbett zu verlassen oder sich auf einen Angriff vorzubereiten.

Typisch für Wiedergänge sind parallele, enge Schlaufen, eine sich selbst kreuzende Schlaufe oder ein Knäuel sehr enger Schlaufen jeweils relativ knapp vor dem Wundbett. Der Wind steht dabei von diesen Wiedergängen in Richtung Wundbett – auf diese Weise kann das Stück den Verfolger akustisch und geruchlich früh wahrnehmen. Mir ist wichtig, dass mein Hund diese Wiedergänge möglichst sauber ausarbeitet, denn nur so bekomme ich mit, dass wir unter Umständen gleich auf das gesuchte Tier treffen. Damit bin ich auf den überraschenden Angriff oder die plötzliche Flucht vorbereitet und kann das Stück bei geschicktem Vorgehen vielleicht noch im Wundbett erlösen.

Bei allen Übungen zum Thema Wiedergänge muss ich die Fährte anfangs sehr eindeutig markieren. Durch die extreme Nähe der einzelnen Teilstücke zueinander herrscht sonst schnell Verwirrung und dann kann ich weder korrekt loben noch korrigieren.

Bei den parallelen Schlaufen markiere ich eng mit Kreide, sodass wirklich jeder Baum, jeder Strauch anzeigt, wo es entlanggeht. Nutze ich Bändel, verwende ich für den Weg nach rechts eine andere Farbe als für den nach links. Unmarkierte Fährten dieser Art gibt es erst, wenn der Hund wirklich sehr sicher arbeitet, denn durch die Messungenauigkeit von GPS-Geräten reichen diese bei so kleinräumigen Fährtenverläufen nicht als Backup aus.

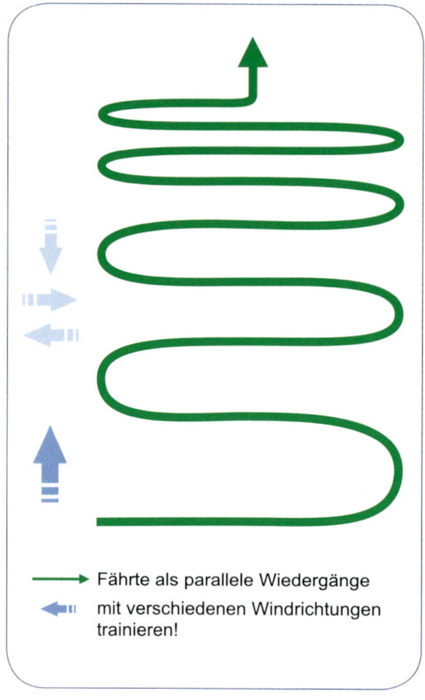

Parallele Wiedergänge

Schlaufige Wiedergänge

Ich beginne die Schlaufen immer mit Rückenwind, damit meinem Hund die Witterung des folgenden Fährtenverlaufs nicht von Anfang an entgegensteht. Der Abstand zwischen den Schenkeln beträgt zunächst etwa 30 Meter und wird im Rahmen des Schwerpunkttrainings jeweils um 5 Meter enger. Diese Distanz sollte ohne weitere Probleme klappen, bevor die Fährte nun meterweise noch enger wird, bis sie rechts an einem Baum vorbei und links an diesem wieder zurückführt. Im Training für Fortgeschrittene läuft der Rückwechsel später genau auf dem Hinwechsel. Diese Aufgabe beschränke ich auf wenige Meter.

Eine weitere Komplikation stellt Wind von der Seite oder von vorn kommend dar. Dann wähle ich wieder größere Abstände zwischen den Schenkeln, denn wie immer soll mein Hund möglichst erfolgreich sein.

Bei den sich selbst kreuzenden Schlaufen besteht die Schwierigkeit darin, dass mein Hund sie komplett ausarbeiten soll, damit ich den Wiedergang als solchen erkenne. Er selbst, der Beute machen will, würde eigentlich abkürzen wollen. Es gibt nur wenige Exemplare (meist intrinsische Sucher), die von sich

Der Hund folgt dem Wiedergang (a) und kommt genau auf der Fährte zurück (b).

aus verlässlich den „Umweg“ bevorzugen. Um es meinem Hund bei den ersten Übungen leicht zu machen, fange ich mit einer Reihe sehr großer Schlaufen an. Sie dürfen gern 30 Meter und mehr Durchmesser haben und werden langsam ausgegangen, damit der Zeitversatz an der Kreuzung möglichst deutlich ist. Die Kreuzung selbst gestalte ich rechtwinklig, sodass der Hund sie nur geradeaus überfallen muss.

In einer Übungseinheit verkleinere ich den Durchmesser immer weiter, bis wir auch kleine Schlaufen von nur 2 Metern – also mit einem sehr geringen Zeitunterschied – korrekt abarbeiten.

In einer anderen Einheit übe ich an relativ großen Schlaufen einen immer enger werdenden Winkel zwischen älterem und jüngerem Fährtenteil. Später kann ich beide Aufgabenstellungen kombinieren.

Noch komplizierter wird es, wenn ich die Schlaufe nicht nur kreuze, sondern sie erst ein Stück weit doppelt laufe und später verlasse, zunächst im einfacheren flachen Winkel, später auch im rechten Winkel oder spitz zurück.

Kreidemarkierung für eine Schlaufe

Bei den ersten Versuchen an einem neuen Schwierigkeitsgrad bremse ich meinen Hund vor der Kreuzung sachte aus, sollte er zu flott unterwegs sein, damit er sich in Ruhe orientieren und das neue Problem lösen kann. Später lasse ich ihn dann in seinem Tempo arbeiten, stoppe ihn aber nach wenigen Metern, wenn er sich falsch entschieden haben sollte. Sobald er sich korrigiert (und natürlich erst recht, wenn er sich gleich richtig entschieden hat) gibt es ein Lob.

Beide Varianten, die parallelen Schlaufen und die sich kreuzenden Schlaufen, kann ich noch erschweren, indem ich etwa 10 Meter danach ein intensiv riechendes Wundbett mit viel Schweiß und Decken- oder Schwartenfetzen anlege, von dem aus der Wind auf die Wiedergänge zuweht. Jetzt trotzdem erst die Schlaufen auszuarbeiten und nicht direkt abzukürzen, verlangt einiges an Konzentration und Selbstbeherrschung von meinem Hund.

Die dritte Variante des Wiedergangs ist der Geruchspool. Hier läuft das Wild auf relativ eng begrenztem Raum mehrfach hin und her, hält sich lange auf und läuft dann meist mit einem großen Sprung von dort noch weiter. Typisch ist dieses Verhalten besonders für Rehwild, das auch im gesunden Zustand mit dieser Technik die Hunde in der Verfolgung geschickt verwirrt und abhängt. In der Realität finden sich diese Geruchspools meist in kleinen Dickungen oder Jungwuchsflächen, wo die Witterung sehr intensiv stehen bleibt. Im Vergleich zur Witterung auf der Fährte muss es für den Verfolger fast so wirken, als wäre das Stück noch vor Ort. Entsprechend reagieren viele Hunde hier auch sehr aufgeregt. Zum Training lege ich den Geruchspool aber erst einmal im Altholzbereich an, damit kein heilloses Chaos mit dem Riemen entsteht.

Die ersten Aufgaben gestalte ich sehr kleinräumig auf etwa zwei mal zwei Meter. Hier setze ich lediglich eine Markierung, die darauf hinweist, dass jetzt ein Geruchspool folgt. Der Fährtenverlauf ist auf der Fläche so eng und kreuzt sich so oft selbst, dass mein Hund das unmöglich exakt auseinanderdividieren kann oder soll. Entsprechend markiere ich nur den weiteren Verlauf nach dem Verlassen des Pools. Die Lösung des Problems lasse ich meinen Hund selbstständig erarbeiten – die Fläche ist klein genug, dass er den Abgang irgendwann

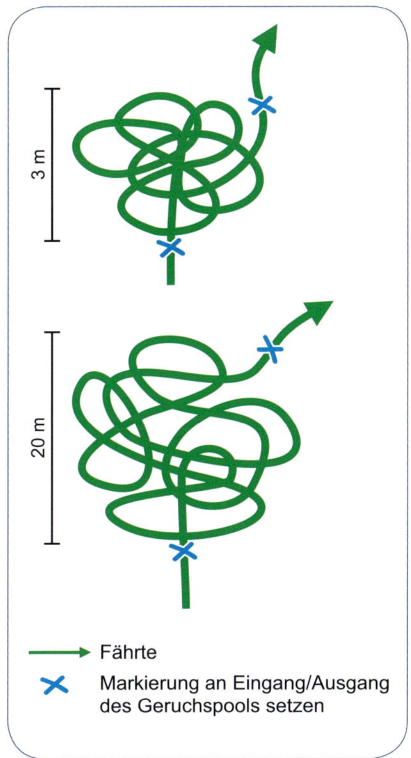

Geruchspool

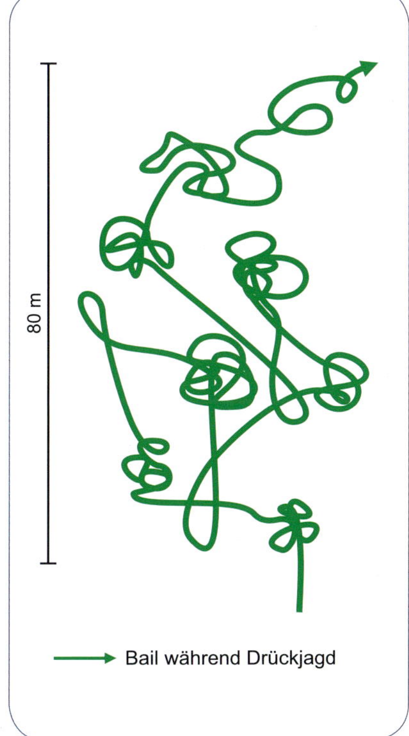

Geruchspool, wie er auf einer Drückjagd entstehen kann

selbst findet, was ich dann lobend quittiere. Sollte er hingegen nervös werden, beruhige ich ihn. Droht er gar frustriert aufzugeben, geleite ich ihn hin und her über die Fläche, bis wir in der Nähe des Abgangs landen, sodass er diesen dann zügig finden kann.

Nach und nach werden die Flächen, über die sich der Geruchspool ausbreitet, größer (bis zu zehn mal zehn Meter) oder auch dichter bestockt. Solche und noch viel größere Flächen mit scheinbar unendlich vielen Wiedergängen, Schlaufen und Geruchspools entstehen häufig auf einer Drückjagd, wenn angeschossenes Wild den womöglich nicht ausreichend schnellen und/oder scharfen Hunden im Stöbereinsatz immer wieder entkommt. Unter Umständen ist die Fläche so groß, dass ich sehr weiträumig kreisen muss, damit mein Hund eine reelle Chance hat, den Abgang aus diesem Wirrwarr überhaupt zu finden.

ALTERNATIVEN

Wenn Hunde zur Menschen- oder Tierrettung eingesetzt werden, sollen sie möglichst schnell zum Ziel kommen. Hier ist ein Abkürzen auf den jüngeren Fährtenteil absolut erwünscht und wird auch so trainiert. Geht es rein um die Auslastung des Hundes, kann ich mich frei für eine der beiden Möglichkeiten entscheiden.

Durchsetzungsvermögen gegen den Hundeführer

In der Praxis kommt es gar nicht selten vor, dass mir der Schütze eine völlig andere Fluchtrichtung ansagt, als mein Hund eigentlich suchen möchte. Habe ich großes Vertrauen in meinen Hund und kenne den Schützen kaum, ist das meist kein weiteres Problem. Das ändert sich aber, wenn ich den Schützen persönlich kenne und als sehr zuverlässig einstufe. Jetzt vertraue ich seinen Angaben möglicherweise mehr als meinem Hund und nehme damit bewusst oder unbewusst Einfluss auf dessen Arbeit, weil er meiner Ansicht nach die falsche Fährte aufgenommen hat. Ähnliches kann auch im Verlauf der Suche geschehen, wenn sich das Wild nicht meiner Erfahrung entsprechend verhält oder ich falsche Annahmen bezüglich des Treffersitzes habe.

Fazit: Mein Hund arbeitet die gerechte Fährte, aber ich bilde mir ein, es besser zu wissen, und versuche, ihn abzuziehen und von anderen Richtungen zu überzeugen. Das wird eine äußerst frustrierende und enttäuschende Erfahrung für beide Seiten.

Optimal wäre natürlich, wenn ich mich ganz auf die von mir und meinem Hund erarbeiteten Fakten verlasse und meinem Hund vertraue, wie sonst auch. Aber das ist manchmal leichter gesagt als getan – ganz besonders, wenn sich der Schütze über unsere vermeintliche Unfähigkeit aufregt. Deswegen trainiere ich mit meinem Hund, sich aktiv meinen Versuchen zu widersetzen, ihn von der gerechten Fährte abzubringen.

Diese Widersetzlichkeit übe ich erst, wenn mein Hund seine Fährte bereits sehr sicher unter verschiedensten Schwierigkeiten hält. Auf einer geraden Strecke gehe ich nicht mehr direkt hinter meinem Hund her, sondern schere deutlich zur Seite aus. Lässt er sich nicht irritieren, lobe ich ihn und wir folgen weiter der Fährte. Verlässt er jedoch seine eingeschlagene Richtung, trete ich sofort wieder näher an

Die Hundeführerin verlässt die Fährte (a) und versucht den Hund mitzuziehen (b), doch der widersetzt sich und arbeitet die Fährte weiter (c).

die Fährte und lobe ihn, sobald er diese erneut anfällt. Bei weiteren Versuchen baue ich immer mehr Spannung seitlich am Riemen auf, aber jeweils nur gerade so viel, dass mein Hund mit etwas Gegenwehr auf der richtigen Spur bleiben kann.

Meldung eines Fundes durch den Hund

Beim Totverbellen oder Totverweisen läuft der Hund in der Prüfung das letzte Stück bis zum Wildkörper allein und macht dann Meldung. Der Verbeller muss beim Stück bleiben und eine vorgeschriebene Zeit (meist 10 Minuten) durchgängig Laut geben. Erst wenn der Hundeführer bei ihm angekommen ist, darf er damit aufhören. Der Totverweiser muss nach seinem Fund zurückkehren und durch ein spezielles Verhalten, das den Richtern zuvor beschrieben wurde, verdeutlichen, dass er gefunden hat und sein Mensch ihm folgen soll. Das kann beispielsweise Hochspringen sein, Anbellen oder Beißen in den Riemen – wichtig ist nur, dass er diese Verhaltensweise ausschließlich zeigt, wenn er gefunden hat. Danach soll er ständig zwischen Fundort und Hundeführer hin und her pendeln, dieser darf aber nur folgen, wenn er seinen Hund noch sehen kann. Erst wenn beide am Stück angelangt sind, darf der Hund das Verhalten beenden.

Eine besondere Form des Totverweisens ist das sogenannte Bringseln. In diesem Fall hat der Hund an einem Band an seiner Halsung ein Bringsel, einen kleinen Gegenstand hängen. Diesen nimmt er nur dann in den Fang und trägt ihn zurück, wenn er das Stück gefunden hat. Bringseln ist eine beliebte Anzeigeform bei apportierfreudigen Rassen wie den Retrievern und kontinentalen Vorstehhunden; lernen können es natürlich auch andere.

Der Ursprung dieser Anzeigearten liegt in einer Zeit, zu der es die modernen Ortungsgeräte noch nicht gab. Nach dem Schnallen des Hundes zur Hatz konnte man der Hatz und der Bail anhand des Lautes folgen. Handelte es sich um wehrhaftes Wild, das der Hund gestellt hatte, war der Standlaut die Orientierungshilfe. Doch wenn der Hund schwaches Wild gefangen und abgewürgt hatte, gab es nichts mehr zu hören. Nun musste der Hund entweder durch Gebell auf sich aufmerksam machen oder eben den Hundeführer abholen. Und um unnötige Wanderungen nach einer Fehlhatz zu vermeiden, sollte der Hund eindeutig anzeigen, ob er nun am Stück gewesen war oder nicht.

In der heutigen Zeit haben diese Verhaltensweisen an Bedeutung verloren. Über GPS-Systeme kann ich meinem Hund selbst bei einer stummen Hatz folgen und ihn am Stück finden. Eine lange, schwierige Suche mit anschließender scharfer, vielleicht auch längerer Hatz ist extrem anstrengend für den Hund. Wenn er das Stück dann erwischt und getötet hat, ist er abgekämpft, deutlich erhitzt und hechelt stark. Wozu soll er jetzt noch bellen, bis ich da bin, oder zwischen mir und dem Stück hin und her pendeln, womöglich noch mit Bringsel im Fang? Heutzutage kann ich die Errungenschaften der modernen Technik nutzen und den Hund mittels GPS orten.

Totverbellen, Totverweisen und Bringseln sind heute lediglich noch Prüfungsfächer für Extrapunkte. Man fällt allerdings durch die Prüfung, falls es dann doch nicht klappt. Nachteil dieser Ausbildung aus meiner Sicht als Nachsuchenführerin: Hat ein Hund ein solches Fach auf der Prüfung bestanden, neigt der eine oder andere Hundeführer dazu, statt der Nachsuche am Riemen eine Freiverlorensuche zu veranstalten. Der Hund wird auf Verdacht ins Dickicht geschickt. Wird er laut, geht man von einer Hatz aus, und bellt er anschließend nicht oder kommt leer zurück (zeigt nicht an), dann war das Stück eben nicht zu bekommen. Ob der Hund das kranke Stück überhaupt gefunden hatte, steht dabei leider in den Sternen.

Ich hoffe, ein solches Verhalten stellt eine absolute Ausnahme dar, und die allermeisten nutzen das Anzeigeverhalten schlicht als weitere Abwechslung im Zusammenhang mit dem Fährtentraining. Geschnallt wird am Wundbett oder wenn sehr sicher ist, dass das gesuchte Stück vor dem Gespann zieht – aber bitte nicht zur „Nachsuche"!

Möchte ich mit meinem Hund eine Anzeige trainieren, sollte ich mir zunächst überlegen, welcher Typ er ist. Bellt er gern und ausdauernd? Dann lernt er das Totverbellen wahrscheinlich recht schnell, da es ihm Spaß bereitet. Ist er eher von der stillen Sorte, wird das immer eine Anstrengung bleiben. Trägt der Hund gern Dinge im Maul herum und habe ich ihm das Apportieren vielleicht sogar schon beigebracht? Dann wird ihm wohl das Bringseln am ehesten liegen. Ist mein Hund weder bellfreudig noch ein begeisterter Apportierer, aber vielleicht besonders lauffreudig, könnte ihm das schlichte Totverweisen gut gefallen.

Totverbellen

Der Verbeller gibt dann zuverlässig und anhaltend Laut, wenn er einen triftigen Grund dafür hat. Im Aufbau lernt der Hund, dass ich ihm helfen kann, wenn er an etwas Begehrtes nicht herankommt und mir das mitteilt. Geeignet ist zum Beispiel ein größerer Decken- oder Schwartenfetzen für wilde Zerrspiele, der durch einen kleinen Käfig gesichert ist. Wenn mein Hund lieber frisst als zerrt, lege ich noch eine Dose mit Futter dazu.

Der Käfig muss in seiner Bauart möglichen Versuchen meines Hundes, ihn zu öffnen, widerstehen können. Ich lasse den Hund zusehen, wie ich die begehrten Dinge in den Käfig lege und diesen verschließe. Dann gebe ich ihn frei, um sich

Käfig mit Schwarte und Belohnung

die Sache näher anzuschauen. Er wird vermutlich verschiedene Möglichkeiten prüfen, wie er an den Inhalt gelangen könnte. Bei manchen Hunden kann diese Phase durchaus länger dauern. Doch irgendwann werden auch diese feststellen, dass ihnen der Zugang verwehrt bleibt und mich kurz ansehen.

Wenn sie selbst erfolglos waren und jetzt beobachten, wie ich ganz einfach etwas öffnen oder anreichen kann, werden die meisten Hunde die nötige Hilfe bald durch Blickkontakt erbitten: Sie schauen zum Objekt, dann zu mir und wieder zum Objekt. Zeigt mein Hund dieses Verhalten zuverlässig, lehre ich ihn, dass er bellen muss, damit ich aktiv werde

Dazu kann ich ihn einfach auswarten. Der Hund wird frustriert, sehr bellfreudige Exemplare werden da meist schon von ganz allein laut. Manchen liegt der Laut fast schon auf der Zunge, sie sagen aber noch nichts. Hier kann es helfen, wenn ich selbst ein „Wuffen“ von mir gebe. Sobald der geringste Ton vom Hund zu hören ist, gebe ich ihm, was er so dringend haben will.

Manche Hunde sind aber auch über Frust nur sehr schwer zum Lautgeben zu bewegen. Sind sie grundsätzlich eher stumm, ist Totverbellen sicher nicht ihr Ding. Schlagen sie im Alltag aber doch häufiger an, kann ich dieses Verhalten einfangen. Sehr viele Exemplare bellen zuverlässig, wenn es an der Haustür klingelt. Ich nehme also den Käfig samt Schwarte und Futter mit zur Tür und platziere das Ganze so, dass der Hund meine Hilfe braucht. Nun rufe ich ermunternd „Gib Laut" und betätige direkt im Anschluss die Klingel. Der Hund wird automatisch bellen – ich reiche ihm sofort seine Belohnung. Nach einigen Wiederholungen des Ablaufs warte ich einen Moment zwischen meiner Bellaufforderung und dem Klingeln. Wenn mein Hund direkt nach der Aufforderung (ohne die Türglocke gehört zu haben) bellt, gibt es sofort das begehrte Objekt/Futter. Tut er es nicht, ertönt erneut die Klingel.

Irgendwann ist dem Hund klar: Nach dem Hörzeichen kommt immer der Klingelton, er wird dann auch ohne diesen anfangen zu bellen. Jetzt kann ich die Übung vom Eingangsbereich weg an verschiedene Orte verlegen. Durch regelmäßige Wiederholungen lernt der Hund, dass er offensichtlich immer Laut geben muss, wenn er mich zur Hilfe animieren will, und wird dies folglich auch ohne mein Hörzeichen tun.

Bellt mein Hund, wenn er meine Hilfe braucht, verlängere ich die Dauer der Lautäußerung. Reichte anfangs ein einzelnes „Wuff“, möchte ich nach und nach mehr hören. Ich zögere also immer wieder einmal, bevor ich aktiv werde. Da das Bellen zuvor immer Erfolg gebracht hat, wird der Hund im Regelfall sein Tun intensivieren. Gehört er nicht zu den extrem bellfreudigen Exemplaren, die sich während des Lautgebens schon selbst belohnen, darf ich nicht zu lange mit meiner Hilfe warten – das kann den Spaß auf Dauer verderben.

Statt also vorzugeben, ich sei schwerhörig oder begriffsstutzig, beginne ich nun, die Distanz zu vergrößern. Ich lasse ihn aus wenigen Metern Entfernung zum Käfig laufen. Sobald der Hund laut wird, nähere ich mich ihm an. Verstummt er, bleibe ich sofort stehen. Je intensiver er bellt, desto schneller laufe ich zu ihm.

Der Hund verbellt ausdauernd die Schwarzwildschwarte.

Bald wird er merken, dass er meine Annäherung und Bewegungsgeschwindigkeit mit seinem Bellverhalten steuern kann. Nach und nach erhöhe ich die Distanz und gehe schließlich auch außer Sicht, sobald mein Hund durchgängig laut ist, ohne ständig zu prüfen, ob ich auch wirklich näher komme. Sollte der Hund seine Position verlassen und zu mir kommen, sage ich „Schade“ und wir legen eine längere Pause ein, bevor er es erneut versuchen darf.

Mittlerweile hat mein Hund verinnerlicht, dass er mich rufen soll. Jetzt muss ich die Futterdose (falls verwendet) abbauen und mit dem zerrfreudigen Hund klären, dass er sich nicht einfach selbst bedienen darf. Auf der Prüfung liegt das Stück immerhin auch frei da und darf nicht angeschnitten werden. Die Dose verschwindet nach und nach unter der Decke/Schwarte und ich reiche die Belohnung immer häufiger aus meiner Tasche. Nun müssen wir den Käfig noch loswerden. Das erfolgt schrittweise: Erst ist der Käfig offen, dann liegt die Schwarte zur Hälfte draußen, dann davor, schließlich steht der Käfig etwas abseits und irgendwann fehlt er ganz. Sollte mein Hund versuchen, die Schwarte oder Decke zu greifen, ohne dass ich ihn zum Packen aufgefordert habe, ertönt mein „Schade“, ich nehme sie ihm ab und wir machen eine Pause.

Sobald ich den Hund 10 Meter schicken kann und er sicher, ausdauernd und begeistert verbellt, kann ich das Training mit den Fährten verknüpfen. Dabei halte ich die Anforderungen aber immer etwas niedriger, als die beim reinen Verbelltraining gerade erreichte – der Hund soll am Fährtenende sicher Erfolg haben.

Achtung: Wenn der Hund erst einmal verstanden hat, dass er durch Bellen Aufmerksamkeit und auch Hilfe bekommt, wird er dieses Verhalten auch in anderen Situationen ausprobieren: Wenn sein Spielzeug oder Knochen unerreichbar unter ein Möbelstück gerutscht ist, er dringend auf Klo muss oder einfach nur so in den Garten will, wenn er seinen Napf auf der Anrichte stehen sieht, der Wassernapf leer ist und so weiter. Das kann je nach Hund und Nachbarschaft zu echten Problemen führen und auch sehr anstrengend werden, wenn der Hund eines Tages alt und dement ist – dann weiß er vielleicht nicht mehr genau, was er eigentlich will, bellt aber trotzdem. Möchte ich das vermeiden, muss ich wirklich jegliches Bellen abseits des Verweisens strikt ignorieren.

Totverweisen

Das Totverweisen baue ich sehr ähnlich auf wie das Totverbellen. Der Hund fordert meine Hilfe lediglich nicht durch Lautgeben am begehrten Objekt ein, sondern holt mich ab und führt mich hin. Da er in der Prüfung stetig zwischen mir und dem Stück pendeln muss, arbeite ich zu Beginn mit Targets. Das sind Flächen, die er berühren muss, damit ich auch tatsächlich aktiv werde.

Zunächst übe ich das Berühren des Targets. Ein blaues Stoffstück ist dafür sehr praktisch, da der Hund diese Farbe gut sieht und ich das Stofftarget später ganz einfach verkleinern kann, bis es gänzlich verschwunden ist. Ist mein Hund ein „Schnauzen-Typ“, soll er das Tuch mit Nase oder Fang berühren, ist er eher der „Pfoten-Typ“, entsprechend mit diesen. Ich halte oder lege den Lappen hin und sobald der Hund ihn berührt, folgen Markersignal und Futterbelohnung.

Ich übe getrennt mit sowohl am Boden liegendem Target als auch mit einem an meinem Körper, an einer Stelle, die mein Hund leicht erreichen kann. Sobald er gezielt das Tuch am Boden berührt, gebe ich kurz vorher das Signal „Wo ist der Bock?“ (in dem Fall ist alles „Bock“, auch weibliche Tiere und andere Wildarten). Nun kombiniere ich dieses Tuch mit dem Käfig, der die begehrte Schwarte und eventuell Futter in der Dose beinhaltet. Gibt es Futter zur Belohnung, kann ich weiter markern, ansonsten lobe ich und es gibt das Zerrspiel.

Hat der Hund verstanden, dass er das Target berühren muss, damit ich ihm Zugang zum Käfiginhalt verschaffe, verknüpfe ich die Übung mit der Berührung des Targets an meinem Körper. Dazu führe ich den Hund ein paar Meter vom Käfig weg, setze ihn vor mir ab und präsentiere ihm das Körpertarget sehr nah an seiner Schnauze oder Pfote, je nach Anzeigeart. Sobald er es berührt, folgt die Freigabe („Wo ist der Bock?“) und er darf zum Käfig sausen. Sowie er dort das Target berührt, lobe oder markere ich und trete schnell heran, um ihn zu belohnen. Klappt das einwandfrei, erhöhe ich die Distanz zum Käfig auf etwa 10 Meter.

Der Hund berührt das blaue Stofftarget an der Hose der Führerin.

Hier berührt der Hund das blaue Stofftarget an der Schwarte.

Nun führt auch eine Fährte oder Schleppe dorthin. Ich starte den Hund direkt mit „Wo ist der Bock?“ in diese Richtung. Er wird sehr wahrscheinlich dorthin stürmen und das Target berühren – und sich dann vermutlich irritiert umse-

Jetzt berührt der Hund die Hose der Führerin an der eingeübten Stelle.

hen, weil ich nicht zu ihm komme. Jetzt zeige ich ihm das Target an meinem Körper und rufe ihn, wenn nötig, heran. Hat er mein Körpertarget berührt, folgt erneut die Aufforderung, Richtung „Bock“ zu laufen, wohin ich ihm jetzt zügig folge. Sollte er vorher abbremsen und mich begleiten wollen, bleibe ich sofort stehen und schicke ihn wieder voran. War er am Stück, soll er wieder zu mir kommen, mein Target berühren und mich so in Bewegung bringen. Ich übe so lange auf dieser kurzen Distanz, bis mein Hund zügig zwischen mir und dem Käfig hin und her pendelt, ohne dass ich ihn dazu noch extra auffordern muss.

Jetzt lege ich die Decke oder Schwarte frei hin und das Target obendrauf. Macht mein Hund keine Anstalten, sich eigenmächtig die Belohnung zu nehmen, kann ich beide Targets immer weiter verkleinern, bis der Hund die Decke/Schwarte und die Stelle an meinem Körper abwechselnd berührt, bis ich vor Ort bin und ihn belohne. Im allerletzten Schritt wird nun die Distanz vergrößert. Sollte ich nicht sehen können, ob mein Hund wirklich bis zum Stück läuft, muss ich einen Beobachter einsetzen.

Dann berührt er die Schwarte, bevor er wieder zur Führerin läuft.

Bringseln

Soll der Hund zum Bringsler ausgebildet werden, muss er dazu das Apportieren beherrschen. Der Aufbau des Apports sprengt hier den Rahmen, ich gehe also davon aus, dass der Hund auf Signal ein Apportel greift und mir bringt. Jetzt verknüpfe ich den Fund eines Stückes oder einer Decke bzw. Schwarte mit dem Apport eines speziellen Bringsels. Dieses lege ich auf die Schwarte und schicke den Hund.

Bringsel im Maul

Entweder greift er es schon automatisch oder ich animiere ihn mit „Apport". Sobald er mit dem Bringsel im Fang vor mir sitzt, nehme ich es mit „Aus" an mich, lobe ihn und renne mit ihm unter dem Ruf „Wo ist der Bock?" zum Stück, wo ich ihn belohne.

Die Distanz wird allmählich vergrößert, bis mein Hund das auf, neben und halb unter dem Stück liegende Bringsel immer sicher mitbringt. Dann gehe ich dazu über, es an sein Halsband zu hängen.

Ich schicke ihn wieder, er kommt ans Stück, nimmt den Kopf herunter auf der Suche nach dem Bringsel – und schon hängt es in seinem Gesichtsfeld; er kann es greifen und bringen. Wie bei den anderen Anzeigearten auch erhöhe ich die Distanz, lasse den Hund die Fährte zum Stück abarbeiten und mich nach dem Bringseln hinführen. Sollte er nicht das Bringsel nehmen, sondern sich die Decke eigenmächtig zum Spielen greifen, folgen wie üblich „Schade" und Pause.

IM BEWOHNTEN GEBIET

Wird mit dem Hund überwiegend in bewohntem Gebiet trainiert, sollte von einem lauten Anzeigeverhalten Abstand genommen werden – das gibt über kurz oder lang Ärger mit Anwohnern. Auch das freie Verweisen und Bringseln will bedacht sein: Je nach geltenden Vorschriften darf der Hund in bebauten Gebieten nicht frei laufen. Selbst wenn das gestattet sein sollte, muss ich dafür Sorge tragen, dass das Umfeld für den Hund sicher ist und er weder den Verkehr gefährdet, noch Passanten erschreckt, wenn er scheinbar ohne Aufsicht unterwegs ist.

Teamtraining

Mein Hund hat seine Aufgaben auf den von mir angelegten Fährten gelernt und ich habe dadurch viel über ihn und sein Verhalten in verschiedenen Situationen erfahren. Das reicht für solide Fährtenarbeit jedoch keinesfalls aus! Je genauer ich den Fährtenverlauf kenne, desto sicherer agiere ich und desto wahrscheinlicher gebe ich meinem Hund unbewusst Hilfen, die ich auf einer unbekannten Spur nicht geben kann. Diese können so fein sein, dass sie selbst ein geübter Beobachter kaum bis gar nicht bemerkt, mein Hund diese aber leider durchaus wahrnimmt.

Möchte ich eine Prüfung ablegen oder in den realen Einsatz gehen, muss der Hund ohne diese subtilen Hilfen klarkommen – auch dann, wenn ich zunehmend nervös werde. Dazu sollte ich ihn wirklich sicher lesen können und nicht einfach seine Handlungsweise frei interpretieren. Außerdem muss mein Hund lernen, auch fremden Fährten zu folgen, nicht nur den von mir gelegten. Das alles erarbeiten wir uns im sogenannten Teamtraining: Jetzt werden die Aufgaben an uns beide gestellt, mein Hund und ich sind gleichermaßen gefordert.

Mit dem Teamtraining wird begonnen, sobald der Hund einen bestimmten Themenschwerpunkt auf der markierten Eigenfährte ziemlich sicher beherrscht. Diesen gilt es jetzt, auf markierten und unmarkierten Fremdfährten und nicht markierten Eigenfährten ebenso zu vertiefen.

Begleitete Fremdfährte – markiert und unmarkiert

Die erste Veränderung liegt im Wechsel des Fährtenlegers. Diese Option nutze ich immer dann, wenn jemand anderes die Fährte legen kann – je mehr Abwechslung, desto besser. Wenn die Fährte zuverlässig sehr eng ausgebändelt wird, keine wirklich speziellen Besonderheiten enthält und der Helfer schon einmal mitgegangen ist, wenn ich Fährten trete, muss er dazu nicht „vom Fach" sein. Er kann beim Absuchen sogar abwesend sein (siehe Fremdfährte ohne Begleitung Seite 170ff.).

Anders sieht das aus, wenn die Fährte nicht oder nur sehr gelegentlich markiert wird und mir der Fährtenleger beim Absuchen sagen soll, ob ich mit meinem Hund noch richtig bin oder nicht. Wer nicht regelmäßig unmarkierte Fährten für andere legt, wird Schwierigkeiten haben, sich eine längere Fährte über mehrere Stunden oder gar über Nacht bis auf einen halben Meter genau zu merken.

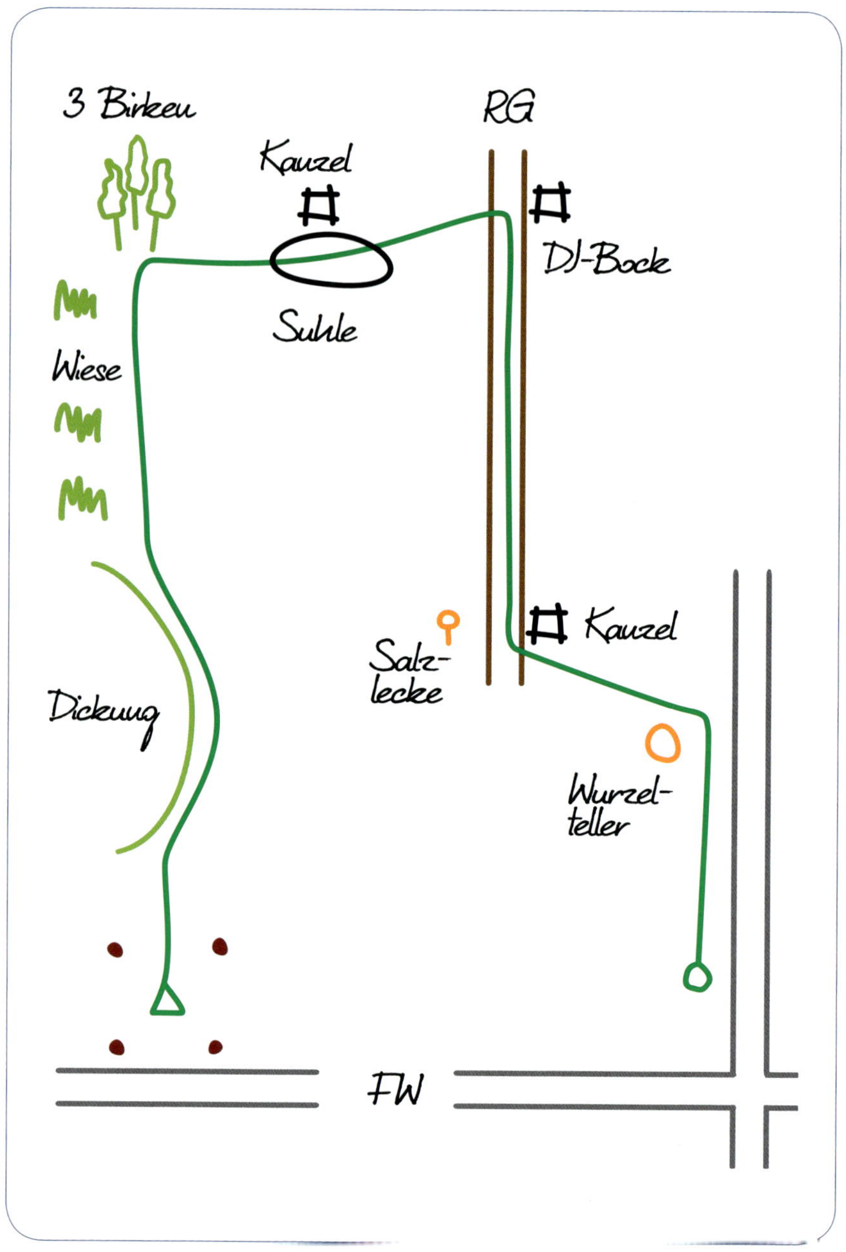

Skizze und Aufschrieb für einen Fährtenverlauf

Eine Möglichkeit der Protokollierung besteht darin, dass sich der Helfer den Fährtenverlauf sehr genau notiert. Dazu muss er aber einen Blick für Besonderheiten in der Natur haben und Wegpunkte sehr engmaschig notieren. Bin ich vom Gedächtnis, Orientierungssinn und dem Umfang der Mitschriften meines Helfers nicht absolut überzeugt, gebe ich ihm vorsichtshalber ein GPS-Gerät mit.

Ein Hundeführer bändelt während der Suche.

Wenn mich jemand bei der Ausbildung und Auslastung meines Hundes regelmäßig unterstützt, kann derjenige auch von Fährte zu Fährte lernen, sich längere Strecken zu notieren und zu merken. Hierzu wird ein großer Teil gebändelt, später werden erst kurze und dann nach und nach längere Abschnitte unmarkiert gelassen.

Ist die Fährte nicht oder nur teilweise markiert, bespreche ich vor der Suche mit meinem Begleiter, ab wann er mich über Fehler informieren soll. In der Aufbauphase soll der Hinweis sehr früh erfolgen, also wenn der Hund mehr als einen Meter abseits ist. Später dann etwa bei drei Meter, dann bei einer halben Riemenlänge, mehr als einer ganzen Riemenlänge, mehr als 30 Meter, über 60 Meter. Außerdem bitte ich meinen Begleiter darum, entweder jede Bewegung, die ich ausführe, mitzumachen oder sich völlig unabhängig zu bewegen. Er sollte keinesfalls nur dann mit angehen, wenn mein Hund richtig ist oder seinen Schritt verlangsamen, womöglich stehen bleiben, wenn wir falsch sind. Hat der Hund einen Winkel nicht richtig erwischt, darf mein Begleiter nicht jedes Mal in Richtung des weiteren Fährtenverlaufs blicken. Denn dann werde ich ihn bewusst oder unbewusst lesen und je nach Typ wird auch mein Hund dies tun. Ziel ist aber, dass wir eine unmarkierte Fährte eigenständig arbeiten und ich mich auf meinen Hund verlasse und meine Fähigkeit, ihn zu lesen. Es ist deshalb wichtig, der Begleitperson bereits im Vorfeld genaue Instruktionen zu geben.

Wie schon beim Thema Zurückgreifen beschrieben, sollte ich spätestens zur Prüfung die abgesuchte Strecke regelmäßig mit Bändern markieren. Damit das dann sicher und ohne groß nachzudenken (quasi automatisch) funktioniert, muss ich es üben. Daher bändele ich bei möglichst vielen unmarkierten Fährten. Das hilft auch, die Fährte sicher wiederzufinden, falls mein Fährtenleger ins Zweifeln kommen sollte, wenn er sich rückwärts über die Fährte orientiert.

Unmarkierte Eigenfährte

Klappt es mit begleiteten, nicht markierten Fährten, kann ich mir auch selbst eine unmarkierte Fährte im passenden Schwierigkeitsgrad treten. Diese präge ich mir aber nicht explizit ein und notiere sie auch nicht, sondern zeichne sie entweder mit dem GPS-Gerät auf oder markiere „rückwärts“, das heißt, ich bringe die Markierungen so verdeckt hinter stärkeren Bäumen an, dass ich sie nur dann sehen kann, wenn ich direkt daneben oder schon daran vorbei bin. Sollte ich mir bezüglich des Fährtenverlaufs nicht mehr sicher sein, drehe ich mich um und blicke dann entweder auf diese Markierungen (bin also richtig) oder eben nicht. Folglich kann ich mich jetzt dank meiner während der Arbeit gesetzten Bändel zurückhangeln.

Fremdfährte ohne Begleitung

Die Fremdfährte kann ich auch ohne Begleitung arbeiten, dafür aber mit gesetzten Markierungen, einer GPS-Aufzeichnung oder ganz frei, ohne Seil und doppelten Boden. Wenigstens Start und Ziel müssen jedoch einwandfrei beschrieben und ausmarkiert sein, damit ich eigenständig agieren kann.

Die erste Variante nutze ich schon sehr früh im Training, denn mein Hund soll schließlich möglichst viele verschiedene Fährtenleger bzw. deren Gerüche kennenlernen. Die Fährte ohne Begleitung lässt sich meist leichter realisieren als mit Begleitperson – der Fährtenleger muss dazu schließlich zweimal Zeit aufbringen. Wichtig ist aber, dass ich mich auf diesen Menschen absolut verlassen kann. Er soll das Trainingsthema korrekt umsetzen und wirklich ausreichend markieren.

Keinesfalls darf es passieren, dass ich mit meinem noch in der Ausbildung befindlichen Hund plötzlich mitten im Revier stehe und nicht beurteilen kann, ob er bei seiner Suche richtig oder falsch ist. Entsprechend kann ich ihm auch keine Hilfe geben und wir sind damit unter Umständen gescheitert. Bestehen die geringsten Zweifel an der Zuverlässigkeit dieser Person, lasse ich das Ganze lieber bleiben. Dabei ist es völlig irrelevant, ob jemand schon etliche Jagdhunde abgeführt hat, gar Berufsjäger oder Leiter der örtlichen Hundegruppe ist – wer sich nicht an die Bedingungen hält, taugt für diese Aufgabe nicht.

Der Fährtenleger überwacht die Suche mittels Handy/Funk und GPS.

Läuft mein Hund schon sehr sicher und ich kann ihn gut lesen, gebe ich eine unmarkierte Fährte in Auftrag, die nur per GPS aufgezeichnet wurde. Sinnvoller Weise sehe ich mir den Streckenverlauf aber nicht vorher auf der Karte an, ich schaue lediglich nach Startbereich und Ziel. Erst wenn ich unterwegs sehr unsicher werde, ob wir noch richtig sind, hole ich das Gerät hervor und vergleiche meinen Standort mit der eingezeichneten Strecke. Das GPS-Gerät als Backup gibt eine deutliche Sicherheit.

Die Krönung des Ganzen ist eine Suche im sogenannten Double-Blind. Hier kenne ich ausschließlich den Startbereich, vielleicht noch die Fluchtrichtung, mehr aber auch nicht. Ich bin ganz allein mit meinem Hund, mögliche Begleiter sind so unwissend wie ich. Damit ich aber später auswerten kann, wie korrekt wir gearbeitet haben, wird die Fährte sowohl beim Legen als auch beim Suchen aufgezeichnet.

Selbstverständlich gehe ich eine solche Aufgabe nur mit einem Hund an, der im Hinblick auf die kommenden Schwierigkeiten schon sehr gut trainiert ist. Ich kann bei der Arbeit (wie in der Praxis auch) eine eigene GPS-Aufzeichnung mitlaufen lassen sowie zusätzlich oder auch ausschließlich bändeln. Wenn mein Hund und ich allerdings an den gestellten Anforderungen zu scheitern drohen, sollte von außen eingegriffen werden, damit der Hund doch noch zum Erfolg kommt und wir nicht irgendwo mitten auf der Strecke stranden.

Bei guter Netzabdeckung ist diese Hilfe per Handy oder über Funk möglich. Ein Helfer, der live die Fährte mit meiner Laufstrecke abgleicht, teilt mir mit, falls ich eine vorher festgelegte maximale Entfernung zur Fährte überschreite. Jetzt kann ich mich anhand meiner Bändel oder eigenen GPS-Aufzeichnung zurück zur Fährte orientieren und dort die Arbeit wieder aufnehmen.

TEAMTRAINING IN DER STADT

Für das Teamtraining im urbanen Bereich komme ich eigentlich nicht ohne Helfer aus, da das Umfeld quasi aus Landmarken besteht und zudem häufig auch noch ausgeschildert ist. Eine Strecke, die ich im städtischen Gebiet gegangen bin, kann ich mir normalerweise problemlos bis zum nächsten Tag merken, auch ohne gesetzte Markierungen. Den gewünschten Effekt, mich auf meinen Hund verlassen zu lernen, erreiche ich auf diese Weise also nicht. In bebauter Umgebung macht eine nicht markierte Eigenfährte beim Teamtraining wenig Sinn – mit einem zuverlässigen Fährtenleger jedoch können Mensch und Hund hier einen Lernfortschritt erzielen.

Die Prüfung

Zur Prüfung gehe ich mit einem gut eingearbeiteten Hund, der die Anforderungen der Prüfungsordnung gut erfüllen kann. Das heißt, er hat schon mehrere prüfungsgerechte, unmarkierte Fremdfährten korrekt absolviert. Dazu gehört die vorgeschriebene Standzeit, Mindestlänge, Anzahl an Winkeln, Wundbetten und Verweiserstellen. Außerdem sollte mein Hund Verleitungen durch Wildwechsel ignorieren, problemlos über Geländewechsel suchen und gewohnt sein, dass wir auch mal pausieren, vor- oder zurückgreifen.

Die Meldung zur Prüfung erfolgt oft einige Wochen oder gar Monate vor dem eigentlichen Prüfungstermin. Ich muss also in etwa abschätzen können, dass wir bis dahin gut genug sind. Sollte ich dann doch Bedenken haben, weil es im Training nicht wie geplant lief, kann ich den Start immer noch absagen, wobei die Gebühr aber nicht zurückerstattet wird.

Für welche Prüfung bei welchem Ausrichter melde ich mich an?

Ist die Schweißarbeit nur ein Teil einer größeren Prüfung, ist es diesbezüglich nahezu egal, wo ich melde. Da stehen dann eher die Art des Prüfungsgewässers und das Vorkommen von Niederwild im Vordergrund.

Brauche ich eine erschwerte Schweißprüfung, gibt es zum einen die Verbandsprüfungen des Jagdgebrauchshundeverbandes (JGHV) mit der Verbandsschweißprüfung (VSwP – getupft/getropft) und der Verbandsfährtenschuhprüfung (VFSP – Fährtenschuh) mit einem Mindestalter des Hundes von 24 Monaten.

Teilnehmende Hunde müssen einer vom JGHV anerkannten Rasse angehören und über eine Ahnentafel der Fédération Cynologique Internationale (FCI) verfügen. Für bestimmte Rassen gibt es innerhalb der Spezialzuchtvereine eigene Schweißprüfungen wie die „Schweißprüfung mit dem Fährtenschuh" (SPFS1) der Brackenzuchtvereine, wo Angehörige der vom JGHV anerkannten Brackenrassen mit FCI-Ahnentafel ohne Mindestalter starten dürfen. Die Schweißhunde haben entsprechend die Schweißhunde- bzw. Vorprüfung mit einem Mindestalter von 12 Monaten. Hier können nur Hunde geführt werden, die im Zuchtbuch eines Mitgliedsvereins des Internationalen Schweißhundeverbandes (ISHV) eingetragen sind oder eine FCI-Ahnentafel besitzen.

Zum anderen gibt es Prüfungen anderer Vereine außerhalb des JGHV. Ob diese im entsprechenden Bundesland und von der eigenen Versicherung als Nachweis der Brauchbarkeit oder auch mehr anerkannt werden, ist bei den Behörden und Versicherungsgesellschaften zu erfragen. Möchte ich die Qualität solcher Prüfungen in etwa einschätzen, brauche ich Hintergrundwissen.

Welche Anforderungen werden an das Gespann gestellt? Entsprechen die Eckdaten den JGHV-Prüfungen, wird in wildreichen Forsten oder in der Einöde geprüft? Welche Qualifikationen haben die Prüfer selber? Haben sie Praxiserfahrung, selbst schon erfolgreich auf Prüfungen geführt, wurden sie speziell geschult und müssen sich weiterbilden? Wie niedrig ist die Quote der Teilnehmer, die durchfallen? Es gibt Veranstalter, da besteht seit Jahren jedes teilnehmende Team. Können die Richter Interessenkonflikte haben? Regulär sollte niemand einen nahen Verwandten oder in Gemeinschaft lebenden Menschen prüfen und wenn der Prüfer selbst Züchter oder Deckrüdenbesitzer ist, dann sollte er auch nicht die Welpen dieser Hunde beurteilen!

Leider sind die Prüfungen abseits des JGHV oft das Papier nicht wert, auf dem sie gedruckt sind. Daher empfiehlt es sich, wenn ich einen Hund ohne JGHV-Zulassung besitze, zu schauen, ob ich in einem Landesjagdverband, der noch offen ist für „papierlose“ Hunde, die Brauchbarkeitsprüfung ablegen kann. Allerdings werden diese Prüfungen nicht zwingend von meinem Bundesland anerkannt, aber wenigstens von der Versicherung. Wer ernsthaft nachsuchen und sich eventuell sogar anerkennen lassen will, ist in den meisten Bundesländern auf einen JGHV-Hund angewiesen.

Die Sonderprüfungen der Schweißhunde- und Brackenzuchtvereine finden regulär in extrem wildreichen Forsten statt. Bei den Verbandsprüfungen hingegen sind viele Prüfungsgebiete normal wildreich. Will ich hier eine richtig schwierige Aufgabe lösen, melde ich zu den großen, bekannten Prüfungen wie „Hoherodskopf“, „Elm“, „Pfälzer Wald“ und „Bergisches Land“ an.

Egal wo ich führen will, ich sollte mich über die örtlichen Bedingungen informieren und meinen Hund darauf vorbereiten. Welche Böden gibt es dort, wie sieht die Bestockung aus? Wenn mein Hund keine trockenen, sandigen Böden mit Kiefern und kniehohem Blaubeerunterwuchs kennt, kann ihn dieses so neuartige Geruchsbild deutlich mehr anstrengen als das ihm bereits bekannte. Welche Wildarten sind typisch und in welcher Dichte? Gerüche, die mein Hund noch nicht kennt, können ihn stark faszinieren und ablenken.

Es macht einen Unterschied, ob hier und da Wild über die Fährte gezogen ist oder – wie bei manchem Truppenübungsplatz – Rudel in Größenordnungen, die an einen Viehtrieb erinnern. Und dann noch die Frage, ob es Besonderheiten in der Gegend gibt. Ist es ein Freizeitgebiet, liegt es in einer Einflugschneise oder Ähnliches?

Die Prüfung an sich sollte möglichst stressfrei ablaufen. Deshalb stelle ich die Ausrüstung und alle benötigten Unterlagen schon am Vortag der Abreise zusammen. Regulär sind das: Ahnentafel, Impfpass mit gültiger Tollwutimpfung, gültiger Jagdschein, Riemen und Halsung bzw. Geschirr, Handschuhe, Rucksack, Wasser und Verpflegung für mich und den Hund. Je nach Prüfung auch noch Weiteres. Da ich aber bis dahin die Prüfungsordnung nahezu auswendig kenne, weiß ich, was ich alles mitnehmen muss.

Je nach Entfernung reise ich schon am Vortag an und übernachte vor Ort, dann kann der Hund sich von der langen Fahrt gut erholen und auch ich komme entspannt an. Sinnvollerweise ist die Prüfung nicht der erste Anlass, zu dem mein Hund eine Fernfahrt mit Übernachtung und längere Wartezeiten im Auto kennenlernt.

Am Prüfungstag selbst läuft alles so ab wie immer, auch die Versorgung des Hundes. Es gibt überhaupt keinen Grund, nervös, hektisch oder übermäßig aufgeregt zu sein. Die Richter sind keine Unmenschen, sondern auch daran interessiert, dass die gut vorbereiteten Gespanne an diesem Tag die Prüfung bestehen.

Bin ich endlich an der Reihe, halte ich mich an den eingeübten Ablauf – und dann vertraue ich meinem Hund. Ich konzentriere mich auf ihn, lese ihn, merke mir, wenn er sich irgendwo anders oder auffällig verhalten hat. Unterwegs bändele ich regelmäßig und melde gefundene Pirschzeichen den Richtern. Nebenbei achte ich auf das Gelände. In feuchten, schlammigen Flächen sollten sich Fußabdrücke finden lassen, in höheren Wiesen ein Trampelpfad, im Unterholz frisch abgeknickte Blätter. Sind wir von der Fährte abgekommen und hatten einen Rückruf, sollte ich zurückgreifen und kurz pausieren, damit mein Hund sich sammeln kann. Derweil überlege ich, welche Daten ich habe und welche Richtung jetzt noch möglich und wahrscheinlich ist. Im Zweifel vertraue ich schlicht auf meinen Hund.

Mit etwas Suchenglück bestehen wir die Prüfung. Es ist aber auch überhaupt keine Schande, wenn man eine erschwerte Schweißprüfung nicht im ersten Anlauf bewältigt, das passiert selbst alten Hasen.

Der reale Einsatz

Inzwischen habe ich ausführlich und umfassend mit meinem Hund alle nur denkbaren Schwierigkeiten trainiert. Er sucht zuverlässig und ich kann ihn gut lesen, wir sind ein echtes Team. Mit unserem Können haben wir eine erschwerte Schweißprüfung (vielleicht sogar mit Bravour) bestanden. Kann ich dann jetzt endlich in die Praxis einsteigen und uns anderen Jägern als Nachsuchegespann für Suchen aller Art anbieten? Zum wiederholten Male: Nein! Nachsuche ist Tierschutz, da gibt es kein Probieren und Üben – da müssen Hund und Führer sehr genau wissen, was sie tun.

Anforderungen an den Hund

Mein Hund muss gesund und sowohl körperlich als auch geistig in der Lage sein, die geforderte Leistung zu erbringen. Das heißt, er ist auf **Ausdauer** allgemein und bei der **Nasenarbeit** im Besonderen trainiert. Falls mein Hund dual eingesetzt wird, dann muss ich mich bereits vor Jagdbeginn entscheiden, ob er heute im Treiben läuft oder für Nachsuchen zurückgehalten wird. Mit einem abgejagten Hund noch eine erschwerte Nachsuche anzugehen, zeugt weniger von Professionalität als von Profilierungssucht.

Will ich etwas anderes als die schon erwähnte „sichere Totsuche" beziehungsweise Bergehilfe leisten, muss der Hund ausreichend **wildscharf** und **hatzfreudig** sein. Einen ersten Eindruck davon bekomme ich in einem Schwarzwildgewöhnungsgatter. Läuft mein Hund auch auf Bewegungsjagden, ergeben sich hier ebenfalls gelegentlich Situationen, die Rückschlüsse zulassen. Greift er krankes Rehwild und hält es mindestens sicher oder versucht er gar es abzuwürgen? Jagt mein Hund an Schwarzwild und falls ja, wie nah geht er dabei heran, wie viel Druck macht er? Ein Hund, der das Wild nur „durch die Jagd hütet", wird es im Rahmen einer Hatz nicht zum Stehen bringen. Klar ist aber auch: Macht der Hund erfolgreich Beute, weil gesundes Wild vor ihm geschossen wird, werden Gesundfährten für ihn eine höhere Bedeutung haben als für einen Hund, der ausschließlich über Krankfährten zum Erfolg kommt. Solange ich nicht sicher weiß, ob und wie mein Hund hetzt, bindet und stellt, werde ich einen erfahrenen Hund nachführen lassen, der diesen Job im Zweifel übernimmt.

Mein Hund muss **schussfest** sein, das habe ich regulär schon vor einer Schweißprüfung bewiesen. Und er verfügt über einen gewissen **Grundgehorsam**, damit wir diversen Situationen gelassen gegenübertreten können und nicht unnötig Chaos verursachen.

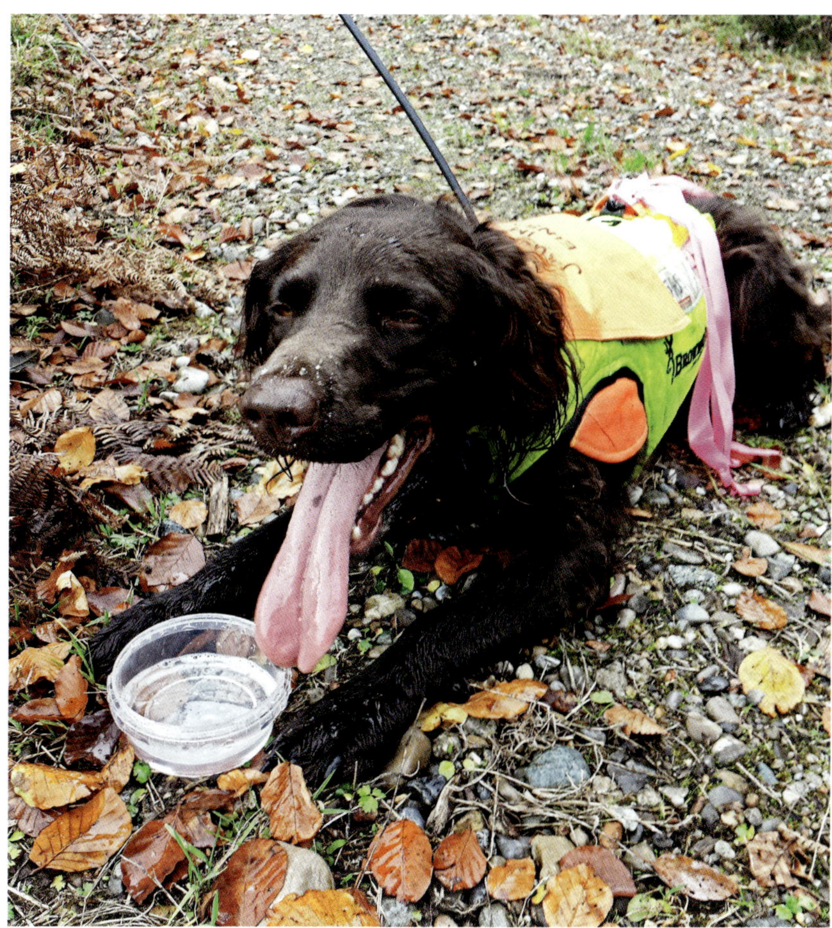

Erschöpft nach seinem Stöbereinsatz!

Dazu zählt, dass mein Hund gesittet an der Leine läuft, damit wir nicht schon auf dem Weg vom Auto zum Anschuss verunfallen. Ich sollte ihn ablegen können, um die Ausrüstung zu richten, Pirschzeichen zu untersuchen, ein kurzes Telefonat zu führen oder eine Pause zu machen. Mein Hund kommt auf Ruf oder Pfiff heran, damit ich ihn zum Beispiel nach einer Fehlhatz, wenn er wieder in meiner Nähe ist, erneut an den Riemen nehmen kann. Das alles braucht nicht in höchster Perfektion wie im Hundesport zu funktionieren, sondern soll für den Jagdalltag praktikabel sein. Ein zu scharfes Durchexerzieren kann die Arbeit des Hundes sogar negativ beeinflussen.

Anforderungen an den Hundeführer

Körperliche Fitness und **Belastbarkeit** sind unabdingbar, um einer langen, anstrengenden Suche folgen zu können. Ich darf nicht die Nerven verlieren, wenn es plötzlich hoch her geht, der Hund aufjault, der Keiler aus der Dickung auf uns zu stürmt, mein menschlicher Begleiter die Fassung verliert.

Das Verhalten der gesuchten Wildart im gesunden und kranken Zustand sollte mir vertraut sein, ich benötige also reichlich **Jagdpraxis**. Dieses Wissen lässt sich nicht aus Büchern lernen, besonders wenn es um angeschossenes oder angefahrenes Wild geht. Erfahrungen hierzu kann ich nur sammeln, wenn ich andere, versierte Gespanne begleite – sei es zur Nachsuche oder als Durchgeher bei Drückjagden.

Die **Anatomie** der jeweiligen Wildart muss mir geläufig sein, dazu sollte ich sie ausreichend oft im Detail gesehen haben. Anhand von Pirschzeichen und Beschreibung des Schützen muss ich abschätzen können, wie die Verletzung aussieht. Davon wiederum hängt ab, wann angesucht werden sollte und ob Vorstehschützen und/oder weitere Hunde benötigt werden. Drei erlegte Rehe und ein Schwarzkittel pro Jahr reichen als Lernerfahrung nicht aus. Es gibt aber zusätzlich zum Eigenstudium gute Bücher und Seminare zum Thema „Wie deute ich einen Anschuss richtig?“.

Pirschzeichen in Bodennähe

Das sichere **Beherrschen der Waffen** ist Pflicht. Es ist eine Sache, vom Sitz aus auf vorbeilaufendes Wild in der Entfernung zu schießen. Eine ganz andere jedoch, im Nahbereich auf ein mich angreifendes Stück zu zielen, in dessen Umfeld sich noch irgendwo mein Hund und meine Begleiter aufhalten – die ich nicht gefährden darf (genauso wenig wie unbeteiligte Dritte!). Ist der Schuss nicht möglich, weil mein Hund direkt am Stück ist, sollte ich genau wissen, wie ich nun an das Wild herantrete, ob und wie ich es fixiere und wie ich mein Messer richtig einsetze. Auch so etwas sollte ich vorher gesehen und zumindest an bereits erlegtem Wild nachvollzogen haben.

Nachsuchen sind also alles andere als ungefährlich und bestehen nicht nur aus der reinen Sucharbeit. Daher existieren auch umfangreiche **Unfallverhütungsvorschriften**, deren Inhalt ich kennen und beachten muss. Entsprechend dieser Vorschriften benötige ich eine persönliche **Schutzausrüstung**. Außerdem sollte ich mich in **Erster Hilfe** an Mensch und Hund auskennen.

Suche ich nicht für mich selbst, sondern für andere außerhalb meines Reviers nach, bin ich nicht mehr über die Berufsgenossenschaft versichert und muss mich um eine eigene **Absicherung** kümmern. Nur anerkannte Nachsuchenführer der Länder bzw. Kreisjägervereinigungen sind oftmals über die Berufsgenossenschaft speziell versichert. Für sie gelten auch andere Regeln bezüglich der Nachsuche über Reviergrenzen hinweg, das Mitführen von Waffen und bewaffneten Begleitern. Die **Gesetze** diesbezüglich in meinem Bundesland müssen mir geläufig sein, damit ich mich nicht ungewollt strafbar mache.

Meinen Hund muss ich ganz genau kennen, sein **Verhalten** auf echten Fährten richtig einschätzen und beurteilen können, ob er die anstehende Arbeit mit hoher Wahrscheinlichkeit zu einem guten Ende bringen wird. Das verletzte Wild wird nicht als Versuchsobjekt benutzt und sein Leiden durch mein fahrlässiges Verhalten unnötig verlängert!

Ich selbst muss unter allen Umständen finden wollen – auch dann, wenn das bedeutet, die Suche an ein anderes, frisches oder auch besseres Gespann zu übergeben.

Wie wird man Nachsuchenführer?

Jetzt ist dieses Buch (und weitere Lektüre!) gelesen, der Hund hat viele Übungen gemeistert, die Prüfung wurde bestanden und die ersten Totsuchen erfolgreich absolviert. Er stellt sich dabei ganz zufriedenstellend an. Nun bin ich auf den Geschmack gekommen und möchte wissen: Wie werde ich Nachsuchenführer?

Dazu sollte man im Vorfeld ein paar Dinge klären. Bin ich tatsächlich der richtige Mensch dafür? Besteht in meinem jagdlichen Umfeld ausreichend Bedarf an einem weiteren Gespann? Habe ich einen für die Arbeit geeigneten Hund (oder wie komme ich an einen solchen)?

Was prinzipiell alles geleistet werden muss, habe ich bereits beschrieben. Die Anforderung an die zeitliche Flexibilität wird jedoch häufig unterschätzt. Nachsuchen fallen nicht nur am Wochenende an, ich muss also spontan von meiner Arbeit freinehmen können. Auch mein Partner, meine Familie sollte hinter dem Wunsch „professionelle Nachsuche“ stehen, denn ich werde immer wieder private Termine sehr kurzfristig absagen oder eine Party unvermittelt verlassen müssen.

Eine Nachsuchenführerin und ihr „Azubi" im Gespräch mit dem Schützen

Um zu lernen, was ich nicht aus Büchern lernen kann, und zu erleben, was es heißt, regelmäßig die eigenen Planungen über den Haufen zu werfen und von einer Wildsau selbst über diesen geworfen zu werden, suche ich mir einen Mentor. Diesen begleite ich bei seinen Einsätzen und kann so die Praxis der Nachsuche hautnah erleben.

Auf der Suche nach einem solchen Ausbilder klärt sich auch gleich die Frage, ob überhaupt Bedarf an einem weiteren Gespann besteht. Wie viele anerkannte Nachsuchenführer gibt es im Umfeld? Wie viele weitere sehr gute Gespanne (wie zum Beispiel mancher Förster) stehen zusätzlich bereit? Ist es schwierig, ein gutes Gespann zu finden, wenn man eines braucht, oder gibt es womöglich eine lange Liste, aus der ich wählen kann? In welcher Altersklasse befinden sich die Aktiven, könnte es dort in absehbarer Zeit zu einem Wechsel kommen?

Es macht wenig Sinn, sich der Schweißarbeit zu verschreiben, gar einen absoluten Spezialisten heranzubilden, wenn es für diesen nicht ausreichend Arbeit gibt. Denn wirklich gut wird ein Gespann nur durch reale Einsätze – 50 pro Jahr sollten es wenigstens sein, mehr ist immer besser.

Ist mein Umfeld also schon gut besetzt und auch keine Lücke zu erwarten, sollte ich vom Spezialistentum Abstand nehmen. Natürlich kann ich mich trotzdem um einen Mentor bemühen, um einfach noch mehr zu lernen oder mich mit meinem dual einsetzbaren Hund zu verbessern.

Sieht es bei objektiver Betrachtungsweise tatsächlich so aus, als könnte ich für einen Spezialisten ausreichend Anfragen erhalten, brauche ich meinen Mentor unbedingt. Ich sollte damit rechnen, dass mehrere Anfragen nötig sein werden: Manche befürchten Konkurrenz, bei anderen passt die zwischenmenschliche Chemie nicht; im Zweifel muss ich einige Kilometer fahren oder auch schlicht über längere Zeit hartnäckig dranbleiben. Bezüglich der Schweißarbeit gibt es aktuell einen gewissen Hype. Wenn also vor mir bereits mehrere übereifrige Jungjäger mit einem schon auf den ersten Blick ungeeigneten Hund vor der Tür standen und meinten, sie seien jetzt der neue Schweißhundeführer, kann es passieren, dass so ein alter Hase erst einmal ziemlich genervt und abweisend reagiert.

Ähnlich wie bei einer Bewerbung im Arbeitsleben kommt es immer gut an, wenn ich mich als Aspirant schon intensiv mit möglichst vielen Inhalten des Arbeitsfeldes vertraut gemacht habe. Wenn ich angebe, leidenschaftlich gern zu kochen, sollte ich die grundlegenden Lebensmittel kennen und nicht Tomaten mit roter Paprika verwechseln. Entsprechend ist „Schweißhund" die Bezeichnung einer Rassegruppe, kein Ausbildungskennzeichen, und die Zugehörigkeit zu dieser Gruppe allein kein Hinweis auf eine bestimmte Qualifikation. Ich kann Angehörige anderer Rassegruppen in der Schweißarbeit spezialisieren und mich dann als Nachsuchenführer betiteln. Es bleiben aber Stöberhunde, Bracken oder Vorsteher und werden keine Schweißhunde.

Die Nachsuchenführerin sichert ihren „Azubi" und dessen noch unerfahrenen Hund mit ihrem eigenen Hund ab.

Und hier kommt auch mein Hund wieder ins Spiel. Dieser sollte vorerst an zweiter oder dritter Stelle stehen. Es geht jetzt zunächst darum, das Nachsuchewesen mit allen Finessen zu erlernen, damit ich später im Sinne des Tierschutzes handeln kann. Ob mein aktueller Hund dann auch zum Einsatz kommen wird, ist für den Anfang irrelevant. Der reale Einsatz dient nicht der Bespaßung und Auslastung meines Hundes – der eingesetzte Hund dient dem Tierschutz. In der Zusammenarbeit mit meinem Ausbilder kommt natürlich trotzdem auch mein vorhandener Hund zur Sprache. Man wird seinen Ausbildungsstand und seine Fähigkeiten beurteilen. Scheint er geeignet, wird mein Mentor mir die passenden Suchen zur rechten Zeit übergeben und mit seinem erfahrenen Hund absichern.

Ist mein Hund nur eingeschränkt einsetzbar, weil ihm eine bestimmte Fähigkeit fehlt, wird er nur die von ihm sicher zu leistenden Suchen absolvieren. Es gibt z. B. einige Hunde, die Rehwild sicher fangen und abwürgen, der Schneid für die Arbeit an Schwarzwild aber fehlt ihnen. Hier wäre künftig eine Aufgabenteilung denkbar. Und sollte sich mein Hund als unbrauchbar für erschwerte Suchen zeigen, kann ich trotzdem fleißig mit ihm üben und die gewonnene Erfahrung in die Ausbildung eines Nachfolgers einbringen. Habe ich mich selbst im Laufe der Zeit als zuverlässig und einsatztauglich erwiesen, wird mein Ausbilder mir sicher behilflich sein, einen Hund aus passender Leistungszucht zu erwerben.

ALTERNATIVEN

Gleiches gilt natürlich für die Suche nach vermissten Menschen und Tieren: Auch hier ist kein Platz für Profilneurotiker und Selbstdarsteller. Will ich bei der Rettung von Menschen helfen, schließe ich mich einer entsprechenden Hilfsorganisation an, die dann von den Behörden offiziell zum Einsatz gerufen wird. Dazu gleich ein Hinweis: Die meisten Landespolizeibehörden verfügen mittlerweile über eigene Mantrailer in den Reihen ihrer Diensthundeführer – der Bedarf an Mantrailern aus den Hilfsorganisationen ist damit drastisch zurückgegangen. Folglich bestehen nur noch geringe Chancen, selbst mit einem gut ausgebildeten Hund für den realen Einsatz angefordert zu werden.
Auch beim Pettrailing sollte ich mich nur ernst zu nehmenden Gruppen anschließen, welche die Suche nach entlaufenen Tieren intensiv üben, ihre Hunde prüfen und mit entsprechenden Einsatztaktiken dann gute Ergebnisse erzielen. Es darf nicht sein, dass ich ohne ausreichenden Hintergrund einem Tierhalter falsche Hoffnungen mache und dann mit meinem Hund womöglich Spuren zerstöre oder das gesuchte Tier in die Flucht schlage und ein rechtzeitiges Auffinden damit unmöglich wird.

Zum Schluss

Ich habe mich bemüht, möglichst viele Facetten des Fährtentrainings für Jagdhunde darzustellen und viele der im Laufe der Jahre gewonnenen und gesammelten Erkenntnisse und Informationen sinnvoll zu gliedern, damit jeder, der sich für dieses Ausbildungsthema interessiert, für sich und seinen Hund Nutzen daraus ziehen kann – sei er Familienhundehalter, Jäger oder Nachsucheprofi. Die Arbeit sollte auch dazu beitragen, dass Führer von Jagdgebrauchshunden, egal welcher Rasse und Herkunft, sich und ihre Hunde besser einschätzen können, mögliche Defizite entweder aufarbeiten oder bei vermutlich überfordernden Arbeiten geeignetere Gespanne zu Hilfe rufen.

Ich wünsche allen viel Spaß beim Training ihrer Hunde und denen, die sich der Praxis verschreiben, Suchenheil!

Danke

Hier mein Dank an alle, die zum Gelingen dieses Buches beigetragen haben:

Ich danke meinem Mann Andreas und meiner Familie für die Unterstützung, meiner Lektorin und Grafikerin Heidrun und meiner Lektorin Gabriele.

Außerdem danke ich für die Überlassung von Bildern: Daniela, Gabriele, Katrin F., Katrin K., Kim, Stéphanie und Uwe sowie den Mitwirkenden bei den Fotoshootings: Andreas, Conny, Daniela, Dorothea, Fabian, Florian, Hannes, Harald, Marisa, Martina, Petra, Rudi, Sabine, Sabrina, Susa und natürlich den Hunden: Aschar, Aura, Baghira, Bana, Banya, Ben, Berta, Carl, Daika, Dobby, Dörte, Emil, Eywa, Eylo, Faxe, Franz´l, Gismo, Grandel, Greta, Hunter, Josie, Keks, Kira, Lamira, Lausbub, Levanna, Nala, Nouca, Tiva, Toni, Willow, Woody, Xaver – auch wenn es schlussendlich leider nicht alle bis ins Buch geschafft haben.

Anhang

Wichtige Adressen

Jagdgebrauchshundeverband e.V.
www.jghv.de
- Prüfungsordnungen

Deutscher Jagdverband e.V.
www.jagdverband.de
Adressen der Landesjagdverbände, dort finden sich:
- Prüfungsordnungen zur Erlangung der landesspezifischen Brauchbarkeit
- Voraussetzungen zur Zulassung als anerkannter Nachsuchenführer
- Liste mit Adressen der anerkannten Nachsuchenführer
- Kurse zum Thema Schweißarbeit
- Anschuss-Seminare

Klub für Bayerische Gebirgsschweißhunde e.V.
www.bayerischer-gebirgsschweisshund.de
- Karte der Hundeführer mit geprüften Hunden

Verein Hirschmann e.V.
www.verein-hirschmann.de
- Liste der Hundeführer mit geprüften Hunden

Fährtentagebuch

Fährten-Nr.: ____ Datum:__.__.____ Standzeit: __.__h

Wildart:
O RW O SW O DW O Reh O Gams O Muffel

Fährtenart:
O SL O FS/SL O FS
O markiert O unmarkiert O Dosen

Stationstraining: ______________________________

Länge:
O 50 m O 100 m O 200 m O 300 m O 500 m O 800 m
O 1,0 km O 1,2 km O 1,5 km O 2,0 km O 2,5 km O __,_ km

Anschuss:
O markiert O Viereck

Form:
O Gerade O Schlange O Bögen

Winkel:
O stumpf O recht O spitz

Untergrund:
O Wiese kurz O Wiese hoch O Acker
O Nadel O Laub O Jungwuchs
O Sand O Schotter O Fels

Konzentration:
O Waldweg, Bach O Wechsel O Geländewechsel

Wiedergang parallel:
O 30 m O 20 m O 10 m O 5 m O 0 m
Wiedergang schlaufig:
O 50 m O 30 m O 15 m O 5 m O 0 m
Wiedergang knäuelig:
O 5 m O 10 m O 15 m O 20 m O 30 m

Wetter/Feuchte:
O trocken O feucht O Niesel O Regen O Unwetter Schnee O
Wetter/Temperatur:
O -10°C O -5°C O 0°C O +10°C O +20°C O +30°C
Wetter/Wind:
O still O leicht O böig O stürmisch

Ablenkungen/Verleitungen:
O SL Futter O SL Wild O FS
O Wechsel O Suhle O Brunftplatz
O Wild O Vieh O Hund
O Menschen O Begleitung O Lärm

Rückseite: Skizze + Beschreibung der Arbeit

Fährtentagebuch blanko

Fährten-Nr.: 116 Datum: 20.04.2016 Standzeit: 26.00 h

Wildart:
O RW X SW O DW O Reh O Gams O Muffel

Fährtenart:
O SL O FS/SL X FS
X markiert O unmarkiert O Dosen

Stationstraining: entlang Forstwege, Verleitung Wild

Länge:
O 50 m O 100 m O 200 m O 300 m O 500 m O 800 m
X 1,0 km O 1,2 km O 1,5 km O 2,0 km O 2,5 km O __,_ km

Anschuss:
O markiert X Viereck

Form:
X Gerade X Schlange X Bögen

Winkel:
X stumpf X recht O spitz

Untergrund:
O Wiese kurz X Wiese hoch O Acker
X Nadel X Laub X Jungwuchs
O Sand X Schotter O Fels

Konzentration:
X Waldweg, ~~Bach~~ O Wechsel X Geländewechsel

Wiedergang parallel:
O 30 m O 20 m O 10 m O 5 m O 0 m
Wiedergang schlaufig:
O 50 m O 30 m O 15 m O 5 m O 0 m
Wiedergang knäuelig:
O 5 m O 10 m O 15 m O 20 m O 30 m

Wetter/Feuchte:
X trocken O feucht O Niesel O Regen O Unwetter Schnee O
Wetter/Temperatur:
O -10°C O -5°C O 0°C O +10°C X +20°C O +30°C
Wetter/Wind:
O still X leicht O böig O stürmisch

Ablenkungen/Verleitungen:
O SL Futter O SL Wild O FS
X Wechsel X Suhle O Brunftplatz
O Wild O Vieh O Hund
O Menschen X Begleitung O Lärm

Rückseite: Skizze + Beschreibung der Arbeit

Fährtentagebuch ausgefüllt

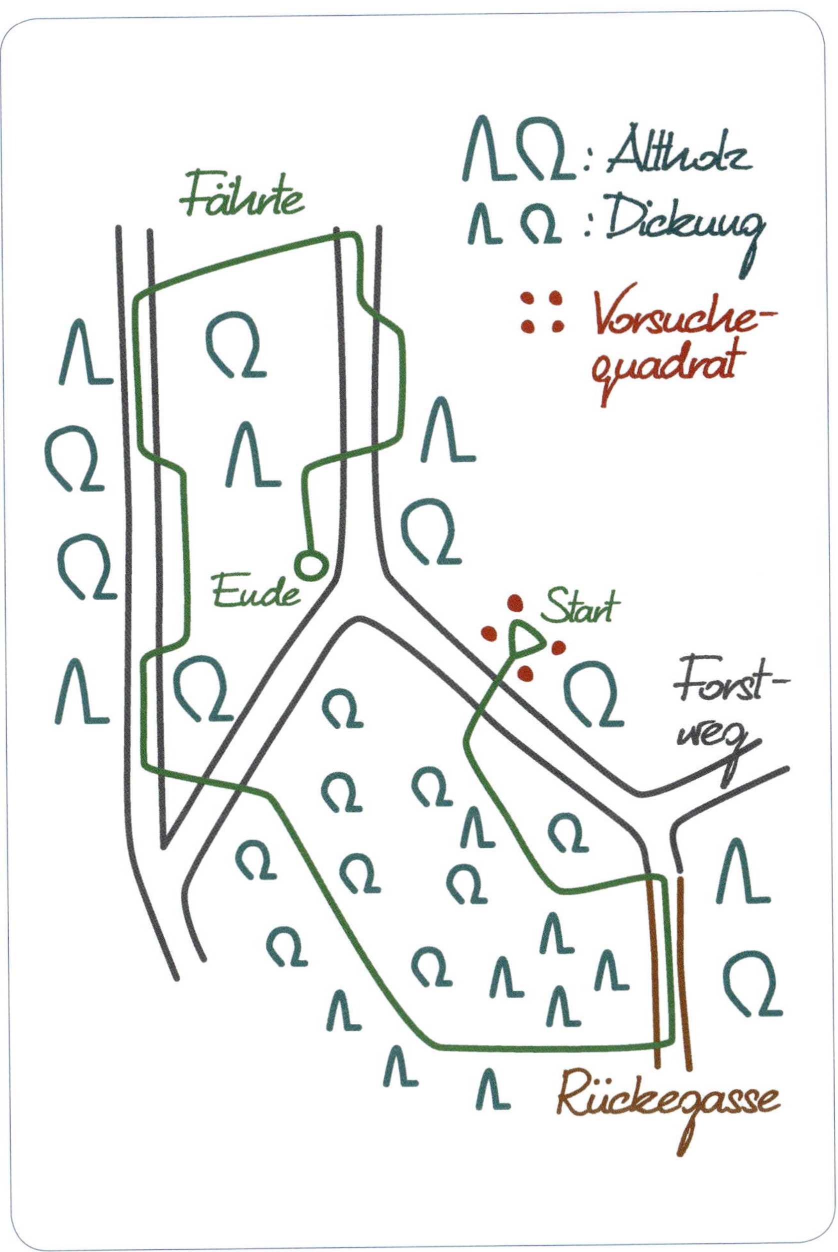

Skizze vom Fährtenverlauf

Fröhlich aus dem Auto gestiegen. Anschuss zügig gefunden und deutlich verwiesen. Sicher über Weg, etwas an Dornen vor Dickung gezögert. Gut weiter. Am Winkel 1 auf RG länger gekreist. Winkel 2 RG 10 m Wechsel gefolgt, aber eigenständig korrigiert. Rest der Fährte sehr gute Arbeit, teils ausgesprochen flott unterwegs.

Xaver findet immer mehr Spaß an der Arbeit auch mit Riemen!

Nächste Fährte: kurze Strecken durch Dornen, Verweiser mit Futterdepot dahinter, Hasenzug-maschine mit Schwarte am Ende.

Beschreibung der Arbeit

Fahrplan zur Schweißausbildung vom Welpenalter an

Die im Folgenden vorgeschlagenen Ausbildungsschritte sind bitte nur als Vorschläge zu sehen und beziehen sich auf das Fährtentraining im Rahmen der vollumfänglichen Ausbildung aller für diese Rassegruppe typischen jagdlichen Aufgaben. Wer seinen Vorstehhund nur für erschwerte Nachsuchen einsetzen und keine Zuchtprüfungen absolvieren will, darf und sollte sich natürlich eher am Fahrplan für Schweißhunde und Bracken orientieren.

Die angegebenen Eckdaten sind also weder Zwang noch sollen sie bei jeder Übungseinheit erfüllt sein. Außerdem gilt es natürlich, die Fähigkeiten und Entwicklung des eigenen Hundes zu berücksichtigen. Manche Hunde lernen bestimmte Inhalte schneller, andere langsamer und fast alle fallen im Zeitraum der Pubertät in ein oft gewaltig tiefes Leistungsloch, das aber nach zwei bis drei Wochen Pause meist überwunden ist.

Da mir das Verweisen in der Praxis auch bei den nur für einfache Totsuchen geforderten Hunden sehr wichtig ist, bevorzuge ich immer die Ausbildung mit dem Fährtenschuh. Sollen oder müssen dennoch getropfte/getupfte Fährten auf einer Prüfung absolviert werden, haben die Hunde diese Umstellung bisher immer innerhalb ganz weniger (drei bis fünf) Übungseinheiten knapp vor dem Prüfungstermin begriffen.

Schweißhunde und Bracken

Schweißhunde als absolute Spezialisten und auch Bracken, die regulär als zweites Arbeitsgebiet „nur" brackieren oder stöbern sollen, können oft sehr intensiv (ein- bis mehrmalig in der Woche) trainiert werden. Außerdem stehen ihnen die erschwerten Prüfungen wie die Vorprüfung oder die Schweißprüfung mit dem Fährtenschuh schon ab einem Alter von 12 Monaten offen

Mit der Einarbeitung fange ich schon bei der Übernahme des Welpen an. Je nach seiner Vorbildung durch den Züchter kommen kurze Futter- und/oder Decken-/Schwartenschleppen zum Einsatz. Die Standzeit wird relativ schnell erhöht. Meist klappt auch die Umstellung auf die ausschließliche Verwendung des Fährtenschuhs bis zur 12. Lebenswoche. Mit 12 bis 15 Monaten sollte der Hund prüfungsreif sein.

Alter Hund	Art	Länge	Standzeit	Vorsuche	Winkel	Verweiser	Sonstiges
8 Wochen	Schleppe	50 m			Bögen	Dosen	
10 Wochen	SL/FS	100 m	> 3 h		D + Verweiser		
12 Wochen	Fährtenschuh	300 m	> 6 h	5 x 5	stumpf		Verleitung Wild
5 Monate		500 m	> 12 h	10 x 10	rechtwinkelig		Weg, Bachlauf
8 Monate		800 m		20 x 20		Verweiser	zurückgreifen
10 Monate		1000 m	> 20 h	30 x 30		kleine V	Ablenkungen
12 Monate		1500 m	> 24 h			Haarbüschel	Leitlinien
15 Monate		2000 m	> 36 h	40 x 40	spitz		
24 Monate			> 40 h			Schweißtropfen	Wiedergänge
36 Monate		3000 m		100 x 100			

Teckel

Bei den Teckeln sind die Prüfungen in viele kleine Bausteine zerlegt und können in der Reihenfolge relativ frei gewählt werden. Ab 12 Monaten kann schon eine Schweißprüfung im Anspruch ähnlich der Verbandsschweißprüfung abgelegt werden. Strebt der Hundeführer diese so früh an, sollte er entsprechend früh intensiv trainieren, auch wenn die meisten Teckel ein ausgesprochenes Talent in dieser Disziplin zeigen. Die Ausbildung folgt dann dem Fahrplan für Schweißhunde und Bracken.

Stöberhunde

Bei den Stöberhunden stehen neben dem Stöbern auch der Apport und die Wasserarbeit mit auf dem Ausbildungsplan für die Jugendprüfungen. Damit bleibt deutlich weniger Zeit für eine intensive Arbeit auf der Schweißfährte, die erst zur Eignungsprüfung abgefragt wird. Die Anforderungen sind an die jeweiligen Prüfungsordnungen der Länder angelehnt, das heißt 400 bis 600 Meter mit $^1/_4$ Liter Schweiß getupft oder getropft, mit zwei Haken, einem Wundbett und einer Standzeit von über 4 Stunden bis über Nacht.

Soll der Stöberhund später mehr als nur Bergehilfen leisten, empfiehlt es sich, mit ihm das ruhige, konzentrierte Arbeiten auf der Fährte von klein auf regelmäßig zu üben. Durfte er vor Beginn der Ausbildung schon eine Saison intensiv auf Drückjagden stöbern, kann es sehr schwer werden, ihn davon noch zu überzeugen. Für den Stöberhund haben sich Trainingseinheiten etwa alle zwei

Wochen bewährt. Dabei lieber die Standzeit erhöhen und an Verleitungen üben, als schon enorme Strecken zu verlangen. Wenn dann alle Prüfungen bis auf die Verbandsschweißprüfung erledigt sind, wird vor dieser auf wöchentliches Training mit Erhöhung der Suchausdauer umgestellt.

Terrier

Bei den Terriern wird die Schweißarbeit erst nach bestandener Zuchttauglichkeitsprüfung im Rahmen der Gebrauchsprüfung oder der Prüfung nach dem Schuss abgeprüft. Die Anforderungen entsprechen wie bei den Stöberhunden in etwa denen der üblichen Brauchbarkeitsprüfungen. Da Terrier tendenziell eher aufgeregter Natur sind, empfiehlt es sich dennoch, früh mit dem wöchentlichen Fährtentraining zu beginnen, um einen möglichst ruhigen Arbeitsstil zu prägen. Ähnlich den Stöberhunden darf es lieber eine kürzere Strecke sein, der Schwerpunkt liegt mehr beim Thema „aufregende Verleitungen und Ablenkungen ignorieren“. Strecke wird erst vor der erschwerten Prüfung gemacht.

Alter Hund	Art	Länge	Standzeit	Vorsuche	Winkel	Verweiser	Sonstiges
8 Wochen	Schleppe	50 m			Bögen	Dosen	
10 Wochen	SL/FS	100 m	› 3 h			D + Verweiser	
12 Wochen	Fährtenschuh	300 m	› 6 h	5 x 5	stumpf		Verleitung Wild
5 Monate		400 m	› 12 h	10 x 10			Weg, Bachlauf
8 Monate					rechtwinkelig		zurückgreifen
10 Monate						Verweiser	Ablenkungen
12 Monate		600 m					Leitlinien
15 Monate		800 m	› 20 h	20 x 20			
24 Monate		1000 m	› 24 h	30 x 30			
36 Monate		1500 m		50 x 50	spitz	Schweißtropfen	Wiedergänge

Retriever

Die Retriever sind ursprünglich Spezialisten für die Nachsuche und den Apport von Niederwild. Die Ausbildung in diesem Fach ist sehr umfangreich und zeitintensiv. Entsprechend wird die Schweißarbeit erst im Rahmen der Gebrauchsprüfung ab einem Alter von 12 Monaten etwa auf dem Niveau der Brauchbarkeitsprüfungen gefragt. Die erschwerte Schweißprüfung in Anlehnung an die Verbandsschweißprüfungen darf wie diese erst mit einem Mindestalter von mindestens 24 Monaten abgelegt werden.

Im Rahmen der Apportierarbeiten werden meist regelmäßig Schleppen mit kurzer Standzeit geübt, die der Hund dann aber frei und mit hohem Tempo abläuft. Hier sollte ein entsprechender Kontrapunkt mit ruhiger Arbeit am hängenden Riemen auf der Schweißfährte gesetzt werden. Das größere Problem im Hinblick auf die Fährtenarbeit ist aber die angeborene Kooperationsbereitschaft dieser Rassegruppe, die durch das Training des Einweisens auf Dummies oder Wild noch deutlich verstärkt wird. Hier ist es wichtig, dass die Hunde früh durch klare Rituale zu unterscheiden lernen, ob sie sich gerade zu 100 % führen lassen sollen (Apport mit Einweisen) oder zu 95 % selbst die Führung übernehmen sollen (Schweißarbeit). Entsprechend liegt der Trainingsschwerpunkt auf dem eigenständigen Arbeiten, den Hundeführer nicht befragen, besser noch ignorieren lernen.

Alter Hund	Art	Länge	Standzeit	Vorsuche	Winkel	Verweiser	Sonstiges
8 Wochen	Schleppe	50 m			Bögen	Dosen	
10 Wochen		100 m	› 3 h			D + Verweiser	
12 Wochen	SL/FS	300 m	› 6 h	5 x 5	stumpf		Eigen-ständigkeit
5 Monate	Fährten-schuh	400 m	› 12 h	10 x 10			Verleitungen
8 Monate					recht-winkelig		
10 Monate						Verweiser	zurückgreifen
12 Monate		600 m					
15 Monate		800 m	› 20 h	20 x 20			Ablenkungen
24 Monate		1000 m	› 24 h	30 x 30			Leitlinien
36 Monate		1500 m		50 x 50	spitz	Schweiß-tropfen	Wiedergänge

Vorstehhunde

Diese Rassegruppe muss das größte Spektrum an jagdlichen Arbeiten erlernen, was einen nicht zu unterschätzenden Zeitaufwand bedeutet. Entsprechend ist die Schweißarbeit nur ein Fach unter vielen und kommt erst zur Verbandsgebrauchsprüfung auf dem Niveau der Brauchbarkeitsprüfungen dran. Bis dahin sind die Hunde regulär zwei Jahre alt oder älter.

Soll der Hund später eine Verbandsschweißprüfung absolvieren und für erschwerte Nachsuchen eingesetzt werden, macht es Sinn, schon vom Welpenalter an regelmäßig die eher rasseuntypische, langsame Arbeitsweise mit der tiefen Nase zu schulen. Und obwohl von den Vorstehhunden ähnlich den Retrievern viele Apportierarbeiten geleistet werden müssen, fehlt hier die extreme Kooperation durch das Einweisen. Zudem sind die meisten Vorsteher deutlich eigenständiger in ihren jagdlichen Entscheidungen.

Alter Hund	Art	Länge	Standzeit	Vorsuche	Winkel	Verweiser	Sonstiges
8 Wochen	Futterfährte	50 m			Bögen	Dosen	langsam
10 Wochen	Schleppe	100 m	› 3 h			D + Verweiser	tiefe Nase
12 Wochen	SL/FS	300 m	› 6 h	5 x 5	stumpf		Eigen-ständigkeit
5 Monate	Fährten-schuh	400 m	› 12 h	10 x 10			Verleitungen
8 Monate					recht-winkelig		
10 Monate						Verweiser	zurückgreifen
12 Monate		600 m					
15 Monate		800 m	› 20 h	20 x 20			Ablenkungen
24 Monate		1000 m	› 24 h	30 x 30			Leitlinien
36 Monate		1500 m		50 x 50	spitz	Schweiß-tropfen	Wiedergänge

Glossar

Abtragen: ritualisierter Abbruch durch Hochheben und Wegtragen, wenn der Hund korrekt gearbeitet hat, die Suche aber unterbrochen werden muss
Abziehen: Abbruch der Arbeit auf einer falschen Fährte, der Hund wird am Riemen von dieser weggezogen
Anschussbereich: Bereich, in dem sich das Stück Wild zum Zeitpunkt der Schussabgabe in etwa aufhielt
Ausschuss: Loch im Wildkörper, wo das Geschoss wieder ausgetreten ist und der Bereich hinter dem Anschuss, wo sich vom Geschoss mitgerissener Schweiß, Haare und Gewebeteile des getroffenen Tieres finden
Ausrisse: Teile vom Boden, die durch die Schalen von plötzlich flüchtendem Wild aus den Eingriffen gerissen und etwas weggeschleudert werden
Auswechsel: Stelle, wo das Wild einen bestimmten Bereich (Dickung) wieder verlassen hat
Bail: Hund stellt das gesuchte Stück mit lautem Gebell
Bögeln: Der Hund versucht, eine verlorene Fährte durch das Laufen kleiner Bögen wiederzufinden
Brackieren: Die Bracke verfolgt einen Hasen laut jagend, bis dieser in einem großen Bogen wieder an seiner Sasse ankommt und dort vom wartenden Jäger erlegt werden kann
Decke: Haut von wiederkäuendem Schalenwild
Dickung: Heranwachsender Bestand
Drückjagd: Große Jagd über bis zu drei Stunden mit mehreren Jägern und Hunden, die das Wild aufstöbern und vor die Schützen treiben
Eingriffe: Bodenverletzung durch die Schalen von plötzlich flüchtendem Wild
Einstand: Bevorzugter Aufenthaltsort des Wildes, wo es Deckung und Äsung vorfindet
Fährtenschuh: Spezieller Schuh oder Sohle zum Unterschnallen, mit der Möglichkeit, Schalen von Wild zu befestigen
Freiverlorensuche: Hund sucht unangeleint (frei) nach angeschossenem, verletztem Wild, ohne auf einer Fährte angesetzt worden zu sein
Gesundfährte: Fährte eines gesunden Stückes Schalenwild
Hatz: Hund folgt dem Wild dicht auf und versucht es zu packen oder zum Anhalten zu bewegen
Hochwild: Jagdgeschichtliche Einteilung; Wildarten, die der Hochadel bejagte: alles Schalenwild außer Rehwild, außerdem Auerwild, Stein- und Seeadler, (Bär und Wolf)
Käferbaum: Vom Borkenkäfer befallener Nadelbaum, der daher gefällt werden muss
Klinge: Durch Erosion entstandene, kurze, schmale, gefällestarke Kerbtäler
Krankfährte: Fährte eines verletzten, kranken Stückes Schalenwild

Losung: Kot von Tieren
Pirschzeichen: Alle Zeichen, die gesundes Wild hinterlässt (Losung, Haare, Trittsiegel, Lagerstellen u. Ä.) und Zeichen, die krankes Wild hinterlässt (Eingriffe, Ausrisse, Schnitthaare, Risshaare, Schweiß, Knochensplitter, Gewebestücke u. Ä.)
Riemen: Mehrere Meter lange Leine für die Schweißarbeit
Risshaare: Haare, die abgerissen werden, wenn das Geschoss den Wildkörper verlässt
Rückegasse: Unbefestigte Fahrwege für große Forstmaschinen
Sasse: Ruheplatz eines Hasen
Schalen: Füße von Schalenwild
Schalenwild: Paarhufer, die zum jagdbaren Wild zählen (in Deutschland: Rot-, Dam-, Sika-, Muffel-, Reh- und Schwarzwild)
Schnallen: Den Hund von der Leine lassen, dabei werden Halsung bzw. Geschirr ebenfalls abgenommen
Schnitthaare: Haare, die auf der Einschussseite durch das Geschoss abgetrennt wurden
Schwarte: Haut von Schwarzwild
Schwarzwild: Wildschweine
Schweiß: Blut von Wildtieren
Stand (zu Stande hetzen): Hund zwingt das Wild durch scharfe, schnelle Hatz dazu, anzuhalten und sich zu verteidigen
Standlaut: Hund gibt vor gestelltem oder verendetem Wild Laut
Standzeit: Zeit zwischen Entstehung einer Fährte und Ansatz des Hundes
Stellen: Der Hund lässt das meist kranke Stück nicht mehr entkommen
Strecke legen: Das traditionelle Legen des erlegten Wildes eines gemeinsamen Jagdtages, oft mit weiteren Ritualen zur Ehrung des Wildes verknüpft
Stück: Nicht abwertend gemeinte Bezeichnung in der Jägersprache für eine Einheit Wild
Trittsiegel: Fußabdruck vom Wild
Umschlagen: Um eine Dickung oder gesperrte Fläche (mit Hund) herum laufen und prüfen, ob sich das gesuchte Stück noch in diesem Bereich aufhält oder sich ein Auswechsel findet
Unterholz: Junge Bäume, die noch sehr dicht stehen
Verhoffen: Das Wild bleibt stehen und sichert
Verleitfährte: Andere Spuren und Fährten, die den Hund verleiten, seine eigentliche Fährte zu verlassen
Verweiser/Verweiserstück: Teile vom gesuchten Stück, auf die der Hund seinen Führer aufmerksam macht

Vorgreifen: 1) Mit einem größeren Bogen auf die vermutete Fluchtrichtung des Wildes vorgehen 2) Am Riemen vorgreifen, um ihn zu verkürzen
Vorsuche: Suche mit dem Hund am halblangen bis langen Riemen, um den Anschuss oder die Fluchtfährte zu finden
Wiedergänge: Das Wild versucht, seinen Verfolger abzuschütteln durch (auch mehrmaliges) Zurückgehen auf der eigenen Fährte oder (mehrfaches) Kreuzen dieser; oft geht es danach unter Wind ins Wundbett
Wundbett: Lager, in dem sich krankes, verletztes Wild niedergelegt hat
Zurückgreifen: Den Hund in einem bereits bekannten Teil der Fährte erneut ansetzen

Weiterführende Literatur

Borngräber, Hans-Joachim: Die Schweißarbeit und die Einarbeitung mit dem Fährtenschuh: Lehrbuch für alle Gebrauchshunderassen. Kosmos Verlag, Stuttgart 2004.

Boulanger, Robert und Trautmann Zenoni, Gabriella: Mantrailing – Teamarbeit mit Nase und Verstand. Oertel+Spörer, Reutlingen 2013

Engelhardt, J. v., Inta, D. J. und Monyer H.: Die Geruchswahrnehmung aus anatomisch-physiologischer Sicht. In: Braintainment, Schattauer 2007.

Feddersen-Petersen, Dorit: Ausdrucksverhalten beim Hund. Mimik und Körpersprache, Kommunikation und Verständigung. Kosmos Verlag, Stuttgart 2004.

Feddersen-Petersen, Dorit: Hundepsychologie. Sozialverhalten und Wesen, Emotion und Individualität. Kosmos Verlag, Stuttgart 2004.

Frevert, Walter und Bergien, Karl: Die gerechte Führung des Schweißhundes, Paul Parey Verlag, Hamburg und Berlin, 7. Auflage 2003.

Fries, Rudolf: Die Zucht und Führung des Gebirgsschweißhundes. Jagd- und Kulturverlag, Sulzberg, 1986, Reprint.

Frings, Stephan: Tausend Geruchsfänger. Wie das Riechsystem Informationen verarbeitet. Scinexx, 2009.

Hartmann, Michael: Patient Hund. Krankheiten erkennen, vorbeugen, behandeln. Oertel+Spörer, Reutlingen 2010.

Hepper, Peter G. und Wells, Deborah L.: How many footsteps do dogs need to determine the direction of an odour trail? Chem. Senses 30, 2005

Klub BGS: Der Bayerische Gebirgsschweißhund. Neumann-Neudamm, Melsungen 2006.

Kolbe, Katrin und Lehari, Gabriele: Rettungshundeausbildung Nasenarbeit. Oertel+Spörer, Reutlingen 2013

Kocher, Kevin und Robin: The Kocher Method: How to Train a Police Bloodhound and Scent Discriminating Patrol Dog. InterNational Bloodhound Training Institute, Spotsylvania, Virginia 2010.

Krewer, Bernd: Rund um die Nachsuche. Neumann-Neudamm, Melsungen, 2003.

Krewer, Bernd und Reinert, Hans: Der Hannoversche Schweißhund: Neumann-Neudamm, Melsungen 2006.

Lehne, Anke: Zeitgemäße Jagdhundeführung. Oertel+Spörer, Reutlingen, 2. Aufl. 2014.

Meyer, Stefan und Kapp, Hubert: Schuss und Anschuss. Franckh-Kosmos, Stuttgart 2016.

Miklósi, Ádám: Dog – behaviour, evolution an cognition. Oxford University Press, New York 2007.

Müller, Manfred: Der leistungsstarke Fährtenhund. Oertel+Spörer, Reutlingen, 4. Aufl. 1996.

Numßen, Julia und Balke, Chris: Nachsuchen wie die Profis, BLV 2017.
O´Heare, James: Die Neuropsychologie des Hundes. Animal Learn Verlag, Bernau 2009.
Pietralla, Martin: Clickertraining für Hunde. Kosmos Verlag, Stuttgart 2003.
Pietralla, Martin: Mein Clickertraining: Vom positiven Umgang mit Hunden. Kosmos Verlag 2011.
Pietralla, Martin und Barbara Schöning: Clickertraining für Welpen. Kosmos Verlag, Stuttgart 2002.
Pryor, Karen: Die Seele der Tiere erreichen. Erfolgreich kommunizieren mit positiver Verstärkung. Kosmos Verlag, Stuttgart 2010.
Rauth-Widmann, Brigitte: Die Sinne des Hundes. Cadmos, Schwarzenbek 2005.
Reichenbach, Uta: Wie Hunde kommunizieren. Hundesprache richtig verstehen. Oertel+Spörer, Reutlingen 2011.
Richter, Klaus: Schweißarbeit für die Jagdpraxis, Deutscher Landwirtschaftlicher Verlag, Berlin, 1. Aufl. 1988.
Röthig, Doris: Rettungshundeausbildung zur Flächensuche. Oertel+Spörer, Reutlingen 2012.
Rugaas, Turid: Calming Signals. Die Beschwichtigungssignale der Hunde. Animal Learn Verlag, Bernau 2001.
Schneider, Dorothée: Die Welt in seinem Kopf: Über das Lernverhalten von Hunden. Animal Learn Verlag, Bernau 2005.
Schöning, Barbara, Steffen, Nadja und Röhrs, Kerstin: Hundesprache. Kosmos Verlag, Stuttgart 2004.
Syrotuck, William G: Scent and the Scenting Dog. Barkleigh, Mechanicsburg, 7. Aufl. 2010.
Tellington-Jones, Linda: Tellington-Training für Hunde. Franckh-Kosmos, Stuttgart 2010.
Tyson, Peter: Dogs' Dazzling Sense of Smell. NOVA science NOW, 2012.
Wegmann, Angela und Heines, Wilfried: Such und Hilf. Kynos Verlag, Mürlenbach 1997.
Weidt, Heinz und Berlowitz, Dina: Das Wesen des Hundes. Naturbuch Verlag, Augsburg 1998.
Werner, Tina: Wellness für Hunde. Massage und Physiotherapie für jeden Tag. Oertel+Spörer, Reutlingen 2. Aufl. 2016.
Winkler, Sabine: Trainingsbuch Hundeerziehung: Das Training planen und umsetzen. Eigene Fähigkeiten verbessern. Kosmos Verlag, Stuttgart 2006.